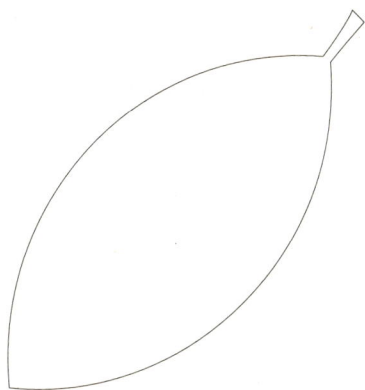

# 松弛感

## 用丰盈法摆脱自我内耗

［英］贝基·霍尔 著
（Becky Hall）
吕雪松 译

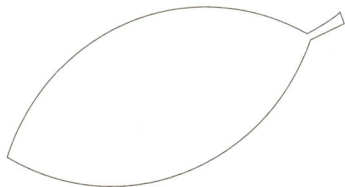

中国原子能出版社　中国科学技术出版社
·北 京·

The Art Of Enough©Becky Hall, published at September 21, 2021.
This translation of The Art of Enough by Becky Hall is published by arrangement with Alison Jones Business Services Ltd trading as Practical Inspiration Publishing.
北京市版权局著作权合同登记　图字：01-2023-3705。

**图书在版编目（CIP）数据**

松弛感：用丰盈法摆脱自我内耗 /（英）贝基·霍尔（Becky Hall）著；吕雪松译 . — 北京：中国原子能出版社：中国科学技术出版社，2023.10
书名原文：The Art of Enough: 7 ways to build a balanced life and a flourishing world
ISBN 978-7-5221-2935-8

Ⅰ . ①松… Ⅱ . ①贝… ②吕… Ⅲ . ①成功心理—通俗读物 Ⅳ . ① B848.4-49

中国国家版本馆 CIP 数据核字（2023）第 161064 号

| | | | |
|---|---|---|---|
| **策划编辑** | 赵　嵘 | **文字编辑** | 安莎莎 |
| **责任编辑** | 付　凯 | **版式设计** | 蚂蚁设计 |
| **封面设计** | 仙境设计 | **责任印制** | 赵　明　李晓霖 |
| **责任校对** | 冯莲凤　焦　宁 | | |

| | |
|---|---|
| **出　　版** | 中国原子能出版社　中国科学技术出版社 |
| **发　　行** | 中国原子能出版社　中国科学技术出版社有限公司发行部 |
| **地　　址** | 北京市海淀区中关村南大街 16 号 |
| **邮　　编** | 100081 |
| **发行电话** | 010-62173865 |
| **传　　真** | 010-62173081 |
| **网　　址** | http：//www.cspbooks.com.cn |

| | |
|---|---|
| **开　　本** | 880mm×1230mm　1/32 |
| **字　　数** | 142 千字 |
| **印　　张** | 7.75 |
| **版　　次** | 2023 年 10 月第 1 版 |
| **印　　次** | 2023 年 10 月第 1 次印刷 |
| **印　　刷** | 北京华联印刷有限公司 |
| **书　　号** | ISBN 978-7-5221-2935-8 |
| **定　　价** | 59.80 元 |

如果你渴望拥有更美好的生活，希望世界变得更加美好，那么你应该阅读本书。它充满智慧、实用且通俗易懂，每个人都应该感受它的魅力。

——查尔斯·汉迪（Charles Handy），著有畅销书《我们身在何方》（*The Empty Raincoat*）和《第二曲线》（*The Second Curve*）

霍尔创作了一本内容精彩、构思巧妙的书。案例、解析、练习和7种技巧巧妙地交织在一起，易于理解、引人入胜。如果你对未来茫然无措，但又希望从内心获得力量，请你阅读并实践本书中蕴含的智慧。

——萨拉·罗赞图勒（Sarah Rozenthuler），注册心理学家，沟通教练，著有《目标驱动》①（*Powered by Purpose*）和《沟通的力量》（*How to Have Meaningful Conversations*）

---

① 书名为译者自译。——译者注

这是一部指南，它能指导你成为更好的人、过上更好的生活、让世界变得更好，哪怕是以微小的方式。此外，它能帮助你摆脱遭遇失败和失利的负罪感。肯定、行动和宽恕是本书的基础。

——雷夫·凯特·博特利（Rev Kate Bottley），牧师，第二电台主持人，曾参加英国真人秀节目《夜视镜盒》（*Gogglebox*）

这是一本激励人心且语言优美的书。如果你困惑为何自己每天都感到不知所措、沮丧失意、身心疲惫，那么这本书很适合你。本书提供了贴心、务实的建议和简单易行的练习，帮助你保持生活（和心态）的平衡。

——苏珊娜·勒特（Suzanne Raitt），美国弗吉尼亚威廉与玛丽学院（William and Mary College）校长、教授

这本书不仅回答了一些关于目标和身份的深刻问题，还讨论了关于自我探寻的问题：对一个人来说什么是最重要的？如何看待个人在社会中的地位？这些对周围环境有什么影响？霍尔这本书充满智慧、深刻实用，有助于我们重构思想，认识到我们已经足够丰盈。

——郑·麦克唐纳（Chine McDonald），播音主持人，著有《上帝不是白人》[1]（*God is not a White Man*）

---

[1] 书名为译者自译。——译者注

这是一本非姿常实用且富有感情的指南，指导我们如何更好地面对我们的生活、我们的资源和我们周围的世界，从而让每个人都受益。这与极度的个人主义以及由我们当前心态所产生的相应的身心俱疲形成了巨大的反差。

——迈克尔·卡希尔（Michael Cahill），市场事务（Market Matters）创始人兼心理教练

我们比以往任何时候都更需要找到内心的平衡，找到与更广阔世界的平衡。本书激励我们打开心结，重写人生剧本，让我们与周围的世界、与周围的人建立良好的关系，更重要的是与自己内心世界建立良好的关系。我们不仅要阅读此书，更要践行此书中的方法。

——维·波洛克（Vee Pollock）教授，纽卡斯尔大学（Newcastle University）文化与创意艺术系主任

霍尔以激进但又现实的方式让我们注意到当下复杂而重大的问题。她引导我们每个人探索自己的内心世界，从而思考我们是如何影响外部世界的。本书适合此类读者阅读：他们好奇如何能够轻松、顺畅地生活，从而更好地与自己、与他人以及与我们共同拥有的美丽地球联系起来。

——劳拉·贝金汉姆（Laura Beckingham），预言家、心

理教练、作家

我很喜欢这本书，它在概念和形式上都很吸引人，是当今人们迫切需要的。

——琳恩·斯托尼（Lynn Stoney），系统排列工作室（Constellations Workshops）导师兼教师

人们常说，要简洁地表达某个观点，首先要对它有深刻的理解。本书提出了一个看似简单的观点：如果我们能够学会在个人、社会乃至全球范围内找到匮乏和过度之间的平衡，那我们就有希望在地球上创造一个丰盈的未来。但如果我们想要实现这个愿望，就要终身践行一种不同的生活方式——用异于过往的方式接纳人和事、工作、爱和生活。本书内容引人入胜、连贯统一，且覆盖面广，吸收并探讨了个人发展、心理学、生理学、生物学、生态学、商业管理、社区发展、社会理论和精神等多个学科内容，使人手不释卷。总之，这是一本智慧之书。

——保罗·诺瑟普（Paul Northup），绿带节（Greenbelt Festival）创意总监

霍尔充满了激情、智慧和洞察力，他凭借丰富的个人经

验和专业知识，为我们提供了另一种生活方式，并为我们指明了清晰的方向。

——艾莉森·维克士（Alison Vickers），心理教练、引导师

此书真实感人、接地气，又具有可操作性。要是我能在25年前读到它就好了！

——朱迪·帕克（Judy Parke），中学英语教师

这本书太有用了。无论是在家工作的妈妈，还是团队领导、首席执行官，都能从中领悟到生活中最重要的东西，学到丰盈之法。作为一名校长，当我感到无所适从时，我会看看这本书，从而客观地看待自己的生活，实现平衡。

——克莱尔·怀特（Claire White），退休校长

很高兴在我二十出头的时候读到了这本书。它让我在生活中找到了平衡点。书中提出的树立信心的练习对我十分有用。

——萨拉·威尔金森（Sarah Wilkinson），教学助理

这本书让我们有机会从内到外地进行思考和行动，从我

们自己的生态系统开始，到需要我们保护的更大的全球系统。
本书带你踏上一段旅程，助你及时应对来自世界的挑战。

  ——露丝·奥弗顿（Ruth Overton），天达银行（Investec
Bank）组织发展顾问

谨以此书献给裘德（Jude）——
裘德每天都在提醒我活出丰盈。

希望你们，希望你们每一个人，

拥有足够的阳光，

使你乐观开朗。

希望你拥有足够的雨水，

使你更加感激阳光。

希望你拥有足够的幸福，

使你情绪高昂。

希望你经历足够的痛苦，

使你感受到小欢喜中的大幸福。

希望你享有足够的收获，

以满足你的需要。

希望你有所失去，

使你珍惜所有。

希望你拥有足够的朋友，

使你有勇气做最后的告别。

希望一切足够，

使你不再希求更多。

——尼尔·戈尔（Neil Gore），

节选自《我们会自由的！》① (*We Will Be Free!*)

---

① 书名为译者自译。——译者注

## 前言

## 我们为什么需要丰盈之法

我坐在凯特（Kate）<sup>①</sup>的对面，她是我正在辅导的一位高级管理人员。她告诉我，尽管她看起来事业有成、前程似锦，但她所做的一切都无法使她感觉良好。无论她工作多么努力，也无论她获得了多少荣誉（这些荣誉是丰硕的），她都无法摆脱内心的恐惧，觉得自己才不配位，害怕随时有人出来检举揭发她。这促使她拼命工作，以实现一个遥不可及的目标。凯特被困在这样一种心态中：总觉得自己缺少了点什么。她没有权利休息，内心充满恐惧。她获得了许多成就，但身心疲惫，她所做的所有事情都无法消除她内心的不安全感。在她看来，她就是"不够好"。

现在，让我们看看奥马尔（Omar）。在新冠疫情封锁期间，奥马尔在家工作。他和他妻子，还有他们一岁的儿子一起居住在一套两居室的公寓里。奥马尔的工作很辛苦，他向我描述了他的工作情况：早上7点前就端坐在办公桌旁，一整天接二连三地参加在线会议。其间，一封封电子邮件纷至

––––––––––
① 本书案例研究中使用的所有名字均已匿名。

沓来，塞满邮箱。傍晚，他抽出一个小时的时间陪伴妻儿，之后继续工作，直至深夜。工作的强度和难度让他喘不过气来，但又不能停歇。可以想象，奥马尔几乎筋疲力尽了。他似乎永远无法"做够"。

现在让我们把目光集中在地球上。2019 年，格蕾塔·通贝里（Greta Thunberg）[1]在瑞士小镇达沃斯（Davos）说，"我们的房子着火了"。联合国政府间气候变化专门委员会（IPCC）2018 年 10 月发布报告指出，我们的地球必须在 12 年内从根本上转变碳使用和碳排放的方式，以遏制灾难性气候变化。[2]在海洋深处，塑料等大量垃圾形成一座座塑料岛，面积等同于几个国家的大小。根据联合国儿童基金会的数据，在英国 86% 的地区，儿童呼吸着有毒空气，健康受到威胁[3]。生态环境的破坏导致生物栖息地被破坏，很多物种濒临灭绝。然而，个人、机构和社会并没有迅速做出改变，我们似乎并不知道该如何停止破坏的步伐——我们拥有的还不"够"。

这些故事并不罕见。20 多年来，我一直致力于帮助个人和团队，他们努力工作，力求为所就职的企业、大学、慈善机构、研究机构和政府部门提供更好的服务。然而，我注意到他们中的很多人难以实现平衡，如同坐在跷跷板上，总在太多与不足之间忽上忽下，从一个极端滑向另一个极端。在个人生活中，我们因缺乏内心的平衡而饱受折磨；在对外生活中，我们又疲于应对纷繁复杂的世界；在元层面上，我们地球的生态系统濒于崩溃。

我相信，让人们从内到外掌握丰盈之法①是这个时代所面临的挑战。本书试图探讨以下三个基本问题：

- 我们为什么在生活的诸多方面严重失衡？

- 我们如何在适度的原则下实现 21 世纪丰盈的生活？

- 当我们学着接纳、践行和拥有丰盈时，我们会有哪些可能？

## 什么是丰盈

丰盈是一种心理状态和一种生活方式。丰盈教会我们如何在大自然的限度内解放自己，充实地生活。爱和丰足孕育出丰盈的心态。当我们相信自己丰盈时，我们就能获得自由，进入心流②状态，容光焕发。从接纳丰盈开始，只有知晓边界，我们的所作所为才是丰盈的，我们才能持久地生活和工

---

① 考虑到全书都在探讨丰盈，因此，丰盈被当作一个专有名词使用，以使这个词更加清晰和突出，匮乏和过度也是如此。

② 心流（flow）：在心理学中是指人们在专注进行某种行为时所表现的一种心理状态，是一种将个人精力完全投入某种活动上的感觉。——译者注

作，才能为世界变得更好做出贡献。丰盈是一种生活方式，它意味着接受边界产生的明晰感，并感恩资源的可再生能力。丰盈赋予我们智慧，让我们遵循自然的发展和变化模式，不再索要更多，而是意识到自己拥有了丰盈。丰盈将我们与他人、与我们共有的地球连接起来。

对于丰盈这个概念，人们担忧它意味着平庸——满足于普通而不再竭尽全力。我认为情况恰好相反。丰盈让我们每一个人都站在沃土上，牢牢扎根，资源丰富，这样我们才能富有创造力和才华。从丰盈开始，我们才能成长为恰好的模样，与他人和世界建立联系，以做出惊人的成绩。我们从曾经饥饿、永不满足的奋斗状态走向充实状态，在这个过程中，我们茁壮成长。丰盈绝非平庸，而是通向健康和可持续生活的跳板。

丰盈是回到与地球相一致的生存模式。自然界的模式是周期性的。在过去一万年的时间里，我们的生态系统一直通过重复的自我更新模式持续地生存与发展。然而，我们现在面临的问题是，在过去几个世纪，人类对自然资源的过度开发使得这种更新模式从充足走向匮乏。我们过度消耗自然资源，很少考虑生态系统的平衡问题，因此我们正处在一个资源殆尽的临界点，自然界中的自我更新模式遭到威胁。从这一点看，丰盈就是与生命的自然节奏保持同步，这样我们和地球才能再次蓬勃发展。无论我们寻求丰盈之法是为了满足内心生活、工作生活还是集体生活的需要，我们都需要在匮乏与过度之间找到平衡点——回归到某种更新模式，这样我们才能生机勃勃。

詹姆斯·洛夫洛克（James Lovelock）的盖亚假说（Gaia hypothesis）认为，世界是一个相互作用的、复杂的有机生命体[4]。盖亚假说著名的观点是，万事万物都是通过一系列自我构建系统紧密联结的。因此，当一只蝴蝶在美国扇动翅膀时，它可以引发一系列微小的变化，进而在非洲引发雷暴，甚至在亚洲引发飓风。在自我建构系统中，变化始于微小骚动（如蝴蝶拍打翅膀），最终却被系统内相互联系的网放大，从而在其他地方产生巨大变化（如雷雨）。

同样，我相信丰盈始于我们每个人的内心。对我们来说，细小的内在改变就是一种开始。如果我们感觉不到自己的丰盈，我们就会为了实现丰盈而殚精竭虑，难以停止过度消耗，以为这才是拥有丰盈的办法。我个人认为，我们内心的感受、我们应该做到什么程度以及最终如何在不危害地球的情况下可持续地生活，这三个方面相互影响，紧密相关。

这当然是我个人的生活体验。作为一个奋力向上的人，我必须学会在这三个方面当中找到平衡。为了足够优秀，被他人认可，我加倍努力；为了完成大量的工作（往往是为了证明自己而自我强加的工作），我加倍努力。我加倍努力，希望在满足自己出国旅行、生活便捷的私欲的同时，又能对周围世界有所贡献。讽刺的是，我渐渐明白加倍努力并不能解决问题。

作为一名心理教练，我意识到我们很难忽视眼前出现的种种情形。因此，出于个人和职业的原因，我开始寻找相关培训方法、实践练习、研究结论、案例指导以展示如何实现丰盈。这需要心理学与神经科学、系统思维和创造性实践相结合。在这一过程中，我得到了许多优秀的老师、治疗师、心理教练、朋友和客户的帮助，我希望在这里与大家分享我学到的东西。

本书诚邀您的参与。如果我们回归正轨的关键是一起探索丰盈之法，那么将会发生什么变化呢？当我在社交媒体上发布丰盈之法这个概念时，引起了很多人强烈的共鸣，我收到了很多回复。他们与我分享他们发现自己丰盈之法的故事、技巧和实践——无论是关于如何平息内心的声音，如何管理生产效率、工作流程、工作压力，还是如何在所拥有的、所希求的和所消耗的东西之间找到平衡。在许多方面，找到丰盈之法都是一个非常实用的想法。它还具有深刻的心理、生理甚至精神层面的意义。我们的方方面面都需要平衡：生活、工作、与他人的关系。我们中的很多人都在致力于这项工作。我认为，我们越是认识它、讨论它、颂扬它，我们就越能一起实现丰盈，越能重视它的价值。

## 为什么丰盈是一门艺术

为什么从内向外实现丰盈是一门艺术？因为对我们每个人来说，它都是高度个体化的，不止一条路可以到达彼岸。我们每个人的平衡点有所不同。你需要开创自己的道路，实现丰盈，如同我需要开创我自己的一样。我们每个人都有自己的探索之旅，以找寻我们内心的丰盈。在平衡日常生活时，让我崩溃、让我苦恼的事情，可能于你而言大相径庭。你必须找到自己的方式——当你感觉到丰盈时，你就找到了它。

丰盈是一门艺术，还因为找到平衡就可以为其他事物的蓬勃发展腾出空间。这是一个极具创造性的过程。我们无法预测这种平衡状态会给我们带来什么，但它能够将我们从过少或过多的执念中解放出来，为新发展创造可能。

跟任何艺术形式一样，丰盈需要通过计划、创造、训练和实践才能获得。探索丰盈之法需要调动你所有的天赋资源、思考能力、心理活动、创造力和精力。当你掌握了它时，它就改变了你的生活方式。在本书中，你将找到实践方法，帮助你接纳丰盈、践行丰盈和拥有丰盈，从而获得优雅、充盈，正如金发姑娘（Goldilocks）所说："刚刚好！"

## 丰盈法模型

丰盈之法在于平衡，但丰盈平衡的是什么？丰盈法模型表明，这不是非此即彼的二元模式，丰盈其实处于两种状态之间。在我们这个纷繁复杂的世界里，二元思维鲜有益处——更准确地说，我们常常不得不应对矛盾冲突或是复杂需求，这往往使我们失去平衡。该模型表明，丰盈状态位于天平的中间，天平的一端是"匮乏"（太少），另一端是"过度"（太多）。"匮乏"可以是内在的——"我不够好"，也可以是外在的——担心缺乏足够的资源。同样地，"过度"可以是个体的——疲于应对太多事务，也可以是集体性的——过度消耗世界资源。

该模型具有动态性——丰盈是需要有意识地不断调整才能获得的平衡点。当我们找到这个点时，就可以释放出创造性，实现蓬勃发展，这一点在我们的模型中就是那瓶放在顶部正中央的鲜花。拥有丰盈，我们便可以生长、开花。

丰盈法模型展示了如何运用七种技巧平衡"匮乏"和"过度"。自下而上看，每一种技巧都是一个路标，指引我们从内到外地探索和寻找平衡。前三种技巧探讨了接纳丰盈面临的内在挑战，第四和第五种技巧探讨的是践行丰盈面临的外在挑战，第六和第七种技巧探讨了拥有丰盈面临的集体挑战。

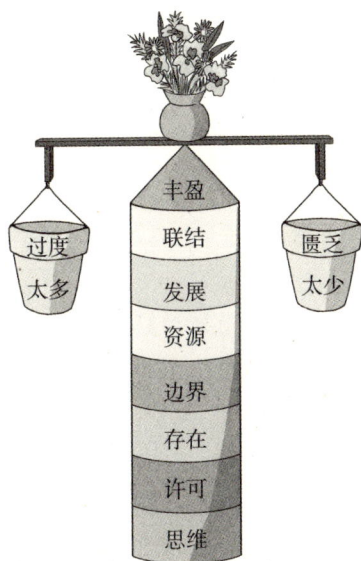

丰盈法模型

插图：黛西·莫哈维·霍兰德（Daisy Mojave Holland）

全书每一章节讨论一个技巧，此图是相关内容的概述。


## 接纳丰盈


### 技巧 1：丰盈型思维——从丰盈充足的角度认识自己

什么样的思维模式影响着你的想法？你最坚定的信念是什么？你对自己、对整个世界的限定性假设是什么？在技巧 1 中，我们将探索自我认知和我们对世界的认知是如何影响我们的想法的；我们将讨论这些认知从何而来，如何改变我们的思维；我们将剖析使我们失衡的思维模式——"匮乏"和"过度"，讨论如何形成丰盈型思维。

## 技巧 2：对丰盈的许可——找到归属的自由

你能成为什么样的人？能做什么样的事？这样的感觉从何而来？你头脑中那些阻碍你前进、批评你、评判你的声音是谁的？技巧 2 将探索隐藏在你背后的驱动力，这股力量使你相信你能成为什么样的人。我们将剖析那些让我们深陷过去的、不成文的归属规则，探索如何让我们摆脱过去的纠缠，阐明对现在的你最重要的东西，这样你就可以根据自身情况，确立属于你的丰盈。

## 技巧 3：丰盈的存在——掌控自己，找到心流

技巧 3 将探讨如何在自身找到并维持丰盈的存在力[1]。我们将从神经生物学的角度，通过日复一日地实践学习维持丰盈状态。技巧 3 还将讨论我们如何把身体、思想和精力结合起来塑造存在力，这样我们就能够随时拥有自己的舞台，自

---

[1] 存在力：艾米·卡迪（Amy Cuddy）在《高能量姿势》（*Presence: Bringing Your Boldest Self to Your Biggest Challenges*）中指出，当我们感觉个人力量很强大的时候，存在力就出现了。——译者注

信地站在自己的领域里，体现丰盈。

## 践行丰盈

### 技巧 4：丰盈的边界——清晰一致的边界

21 世纪的数字世界是一个复杂的地方，充满了巨大的不确定性和不稳定性。我们应该如何管理时间、精力和资源，以便在有限的时间内尽我们所能做我们能做的事，而不是忍受伴随不堪重负而来的极度焦虑？技巧 4 着眼于创建健康合理的边界及这样做能带来的诸多好处——这需要利用自然界中复杂的自我适应系统，以便内外一致并找到心流。我们将探索如何在工作、生活中创造平衡，并让其服务于你的生活。

### 技巧 5：丰盈的资源——利用你的能量

在技巧 5 中，我们将探讨践行丰盈所需要的资源。这些资源或许是内在资源——能量、能力、驱动力，或许是外在资源——时间、他人的支持、值得托付的人。通常，当我们缺乏资源时，我们会因为有太多事情要做而感到崩溃无助。技巧 5 将丰盈的资源定义为一个可补充的循环，讨论如何避免倦怠以及促进丰盈蓬勃发展的方法，并探索可以培养的习惯，以便维持合理的丰盈节奏。

## 拥有丰盈

### 技巧6：丰盈的发展——可持续发展的智慧

我们如何以更健康的方式发展经济，并平衡付出与收益？技巧6对经济应该以指数方式增长这一公认的看法提出质疑，并提出了一个"丰盈的发展"模型，该模型摆脱了"越多越好"的执念。我们将结合当代环境经济学，探讨看待增长的正确方式，以使我们个人、企业和社会更有生产力，且以可持续的方式成长发展。

### 技巧7：丰盈的联结——用爱聚合丰盈

技巧7着眼于我们如何共同创造丰盈——无论是与我们的家庭，还是在工作场所或生活的社区。我们探索从内到外的相互联结的重要性，包括我们接纳、践行丰盈时的内心感受。我们探索彼此之间以及在更大范围内与我们的地球——自然世界建立联系的重要性。当我们彼此建立联系，并重新与大自然建立联系时，我们就改变了之前与之相关的行为方式。

## 技巧练习

本书中的每一个章节探讨了一个技巧，并穿插案例分析，用现实生活中的事例阐释观点和看法。这些实践练习整合在每一章节，使你有机会反思自己的生活。我称之为练习，是因为生活中很多事情不是只做一次就够了，"平衡"当然也不是。为了更加自信、从容地应对，我们需要一次又一次地练习。每个练习都有一个标识——从象征丰盈模型的花瓶中采撷一朵花或一片树叶。这些花朵或树叶象征着在你学习寻找丰盈的路上，不断收集、编织属于自己的花束。

## 成虫细胞：从努力奋斗到羽化成蝶

在全书中，我引用了自然界中的一个变形记——毛毛虫变蝴蝶。关于蜕变，令人惊讶的一件事是，将毛毛虫转化为蝴蝶的细胞一直存在于毛毛虫体内，它们被诗意地称为"成虫细胞"。这些细胞在毛毛虫生命刚开始的时候已经悄然存在。毛毛虫在生命初期阶段只是贪婪地啃食树叶，然后变成蛹，最后分解成有时被称为"有机汤"的东西——一种富含蛋白质的浓浆。这时，成虫细胞被激活，它们决定了毛毛虫未来的模样——蝴蝶。这是一个很恰当的隐喻：从一开始我们就拥有蜕变的能力，但往往不自知。

这个形象在我们寻找丰盈之法的过程中有着特殊的意义。在每一种"技巧"中，或许在我们每个人的心中，都有成虫细胞——我们拥有的知识和潜力——在我们发现丰盈的过程中，它们随时有可能被唤醒。记者丽贝卡·索尼特（Rebecca Solnit）利用这一形象，呼吁"我们中最优秀、最有远见、最具包容性的人成为成虫细胞，帮助人类走出21世纪初面临的多重危机"。

在每一章的结尾，你都会看到一只带着成虫细胞的蝴蝶。我把成虫细胞设想为"技巧"的关键，当我们在学习接纳、践行和拥有丰盈时，我们就在激活自己的"成虫细胞"。与此同时，我们或许能够远离当下普遍的生活方式——殚精竭虑，开始从内而外、像蝴蝶一样破蛹而出，绽放光彩，这会让我们感到惊喜和快乐。

# 目录

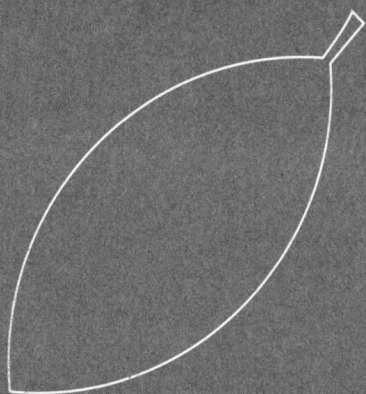

## 第一部分

# 接纳丰盈

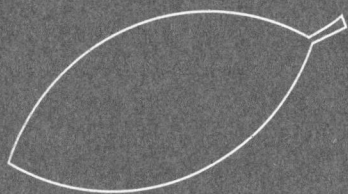

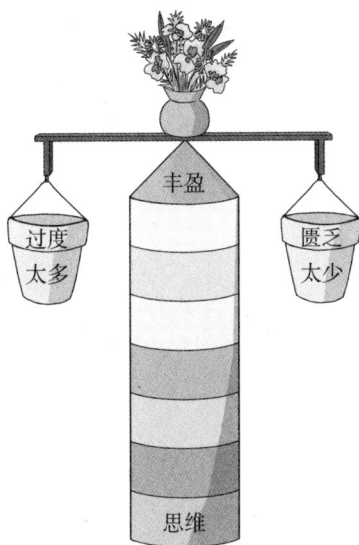

# 技巧 1：丰盈型思维
## ——从丰盈充足的角度认识自己

"我们这一代人最大的发现是人类可以通过改变态度来改变生活。改变想法，你就能改变生活[1]。"

——威廉·詹姆斯（William James）

在技巧 1 中，我们将探讨什么是丰盈型思维。缺乏丰盈，在一些人身上体现为人们熟知的"冒名顶替综合征"[1]现象；对另一些人而言，则体现为一种自卑感，比如觉得自己没有价值、不聪明、不亲切，等等。本书将讨论如何将思维由匮乏或过度转变为丰盈，从而从新的角度认识自己。我们将探究：

- 思维的力量。
- 匮乏型思维——害怕做得不够多。
- 过度型思维——担心做太多。
- 丰盈型思维——相信丰足。
- 如何辨别自己的思维。
- 学会回到丰盈型思维

## 思维的力量

约翰（John）看着我，眼里满是忧虑：

"问题是，霍尔，我不明白我是怎么得到这份工作的，总

---

[1] 冒名顶替综合征，又称自我否定倾向，是保琳·R.克拉斯（Pauline R. Clance）和苏珊娜·A.伊姆斯（Suzanne A. Imes）在1978年发现并命名的，是指个体按照客观标准被评价为已经获得了成功或取得成就，但是其本人却认为这是不可能的，他们没有能力取得成功，感觉是在欺骗他人，并且害怕被他人发现此欺骗行为的一种现象。——译者注

是担忧自己无法胜任。我觉得自己像一个骗子，一直在装模作样地工作，不知道哪一天会被戳穿。我像极了一个穿大人衣服的小孩，时常忐忑不安。"

约翰是一家极为成功的律师事务所的首席执行官，在过去的三年时间里，他把律师事务所的规模扩大了一倍。当我提醒他这些成就时，他只是说："噢，这多亏了运气！如今，股东希望我把它发展得更大，但老实说，我觉得自己才不配位，像一个冒牌货。"

约翰并非个例。你是否也认为自己不够优秀？是否认为自己纯属侥幸才有现在的工作？是否认为自己配不上这份工作，所以为了不让别人有所察觉，你拼命干活？类似的念头不时在自己心里冒出。有时，当你想要做点什么——即使以前反复做过，一个声音总会在你脑海里小声地嘀咕："我这么平平无奇，会什么啊？！"某个重要事件前的紧张焦虑——担心跌倒出洋相或忘词说错话，一时片刻的担忧，倒也无妨，反而使人谦恭、真实。然而，如果这种念头总是主导你的所作所为时，就令人担忧了。

每当我提到丰盈之法时，最先引起人们兴趣的却是这个词语——"不够好"。人们笑着认同，甚至说"真的！我一直觉得自己不够好！"对许多人而言，自我感觉良好是件极其困难的事。"冒名顶替综合征"困扰了许多人，和我交谈过的人或多或少都有这样的症状。当然，人们认识到了这一点，仍是还"不够"。对于"不够"，我们每个人都有不同的理解。有些人或许是不够了解；有些人或许是不够强壮、不够正确、不够成功、不够清晰、不够有创意、不够有经验、不够有活力，或者不太被认可。这一切的共同点就是我们内心的执念：要达到"够好"，我们还缺少了点什么。

我们根植于内心的信念决定了我们是谁、我们做什么，我们能够成为什么样的人。在培训实践中，我一次又一次看到，客户对自己和世界所持的核心信念从根本上限制或成就了他们是谁，他们可以做什么。人们持有的信念界定了他们的人生——如果你活在"不够"的念头中，你会不断地做出弥补，以平衡不足，这往往容易矫枉过正。如果你认为世界对你不够友善，缺乏你所需要的资源，那这样的负念会影响你与周围世界的相处。

心理学家卡罗尔·德威克（Carol Dweck）创造了"思维方式"（Mindset）[2] 这一术语。德威克在她的职业生涯中一直致力于研究自我能力的信念会怎样影响我们实现目标和克服挑战。对德威克来说，"思维方式限定了人们头脑中的一切想法，决定了整个解释过程"。

德威克发现，在界定如何面对生活时，主要有两种思维方式：成长型思维和僵固型思维。僵固型思维就是认为人们的技能、智力和能力是有限的——这种资源是不受控制的。与他人相比，这些资源或许是优势，或许是劣势。正是这种思维导致我们认为自己缺少一些东西。德威克的研究发现，"僵固型思维让人们产生了一种紧迫感，拥有这种思维方式的人需要一次又一次地证明自己"。

另一方面，成长型思维就是我们相信我们的基本素质，认为技能、能力和智力是我们成长的起点。有了这种思维，我们相信自己可以成长和发展，从错误中学习、从做得好的事情中学习，并允许他人帮助我们。困难的情景或挫折被看作挑战，而不是限制。不是没有能力，我们只是需要采取一种不同的方法。马塞尔·普鲁斯特（Marcel Proust）对这一点进行了完美总结，他写道："真正的发现不是找到新大陆，而是发现新视角。"[3] 不要认为挫折不可克服，相反，我们应该展望未来，寻求解决途径。

下面是一个在实践中遇到的事例。我指导过一位极富才华的年轻女性。她告诉我说："我不可能申请这份工作，因为我毫无经验可言。"我们讨论了思维方式，我请她运用成长型思维（一种跳出问题的思考方法）来思考问题。她从关注自己的不足转变为关注职位的意义和她能做出的贡献。这让她认识到，她可以很快适应这份工作，而且她擅长与人打交道，这正是这个职位所需要的。因此，她选择试试看。

正如德威克所说，如果思维方式决定了我们的解释过程，那么它就是我们在寻找丰盈之法时要考虑的一个重要因素。当觉得自己不够好，感到生活太过苛刻时，我们该如何重新调整看法？在丰盈法模型上，我们发现丰盈很好地平衡了匮乏和过度。这背后运用了怎样的思维？是什么决定了丰盈型思维？让我们一起来探索吧。

## 匮乏型思维——害怕做得不够多

匮乏型思维的根本信念是所有资源都是稀缺、有限的，因此害怕资源耗竭。这类似于德威克说的僵固型思维，但它不局限于自我能力的认识，而是借鉴了针对世界的更广泛的信念——所有资源都将耗竭，无法补充。具有讽刺性的是，这样的思维会导致我们囤积更多的东西，由此造成一种恶性循环，加剧匮乏问题——资源分布不均，系统失去平衡，匮乏的感觉变得更加强烈。

匮乏型思维基于害怕的心理，以此引发害怕反应：争抢资源、躲避或逃跑（因为不敢正视内心的恐惧）、僵住不动（因匮乏感而束手无策）。当处于这种思维方式时，我们会感觉一切都是不充足的。我们不可能丰盈，别人也不可能。世界是可怕的，我们必须做好准备保护自己。我们焦虑、我们囤积、我们比较。

就我个人而言，这种思维方式使我在内心大声地评判自己和他人。我首先评判自己，然后，因为认为资源短缺，又开始评判他人。当我处于匮乏型思维时，我内心最大的声音是恐惧、评价和限制——"我不能"、"她不能"、"我不应该"、"他们不应该"以及"我们怎么可能"。每当我在脑海中听到这种声音，或者别人说这样的话时，我就会问下面这个问题，"这个'应该'来自何人？"

匮乏型思维也是冒名顶替综合征的根源。杰西米·希伯德（Jessamy Hibberd）在《冒名顶替综合征》（*The Imposter Cure*）[4]中这样描述冒名顶替综合征："如果没有达到最高标准，你就会感到羞耻、焦虑，你会错误地认为这表明你本质上缺乏能力和天赋……害怕失败和自我怀疑推动了这种循环——如果你做不到，那你肯定会被人发现。"试图努力，但内心又觉得自己不够好，这样一种恶性循环会导致可怕的焦虑，并严重限制你的行为。希伯德是一名临床心理学家，专门研究冒名顶替综合征。她研究的重要意义在于，她将其定义为来源于某个自我认知的东西——思维方式。

当然，匮乏不仅仅表现为冒名顶替综合征特征，匮乏型思维会让我们认为自己的一切都不够充足。当我们从缺乏的角度看问题时，似乎每天都会出现相对不足的情况——"没有足够的锻炼""没有足够的睡眠""没有足够的时间""没有足够的天赋""没有足够大的房子、足够豪华的汽车和足够多的薪水"。匮乏型思维让我们不能接纳、实践或拥有丰盈。在此，我们将自己与其他人相比较，陷入二元模式——他们有，所以我们没有；他们大，所以我们小。这种思维将世界资源视为一块大蛋糕，一旦被吃掉，它就消失了，我们必须为自己争一杯羹。我们害怕自己拥有的以及他人拥有的资源终将耗竭，或是担忧这些资源先天就不足。

此外，匮乏型思维的核心信念是拥有一条绝对正确的道路。这其实是一个我们永远无法实现的完美设想，我将其称为"完美主义的诅咒"。认定有一种完美的方式，并且我们难以企及，因为我们永远不够好——这种思维对我们的自我意象具有毁灭性。完美是一种幻想，一种不可能实现的东西。因此，它会成为一根棍子打击我们。生活在匮乏型思维下的代价是很高的——不断地担心不充足会让人心力交瘁。更重要的是，它剥夺了我们的快乐。

◎ 匮乏型思维作怪的事例

我在新冠疫情期间写下了这本书。我注意到许多人在面对这场巨大的、关乎人类生存的、改变人类生活的威胁时，是多么容易转变为匮乏型思维。第一次被隔离时，超市的空货架就是证明。由于恐惧，人们恢复了保护自己的原始本能。这是人性，我不例外，我们都不例外。

刚开始被隔离、到处关门歇业时，尽管我的业务还没中断，但是我仍然花了几个小时的时间查看自己的经营情况，计算并评估业务储备能坚持多长时间。虽然每次我都安慰自己说还能坚持几个月，但我还是不断重复地陷入恐慌之中。比这更糟糕的是，我无法与其他人联系以帮助自己摆脱这种状态。我感到羞耻和孤独。匮乏型思维击垮了我，直到我注意到发生了什么时，我才开始选择改变它。

## 过度型思维——担心做太多

现在让我们看看天平的另一端：过度型思维——担心做太多。有太多的事情要做、要考虑，有太多知识要吸收、学习。我们必须保护自己以免"贪吃怪"吞噬我们的时间、资源和能源，这就是恐慌、焦虑和压力的根源。这种感觉如同眼看着围墙倒塌，但我们却被一股更强大的力量所支配而束手无策一样。这种思维也源于害怕——我们需要保护自己，于是退缩——建墙，走人。

这里的威胁与其说是资源耗尽，不如说是我们被其他人的需求搞得精疲力竭。这是一个边界问题，因为我们无法守住自己的界限，所以忙得不可开交。面对太多超出我们控制能力的要求，我们无能为力，这种负面的感觉汹涌袭来。《绿野仙踪》（Wizard of Oz）中的西方坏女巫艾法芭（Elphaba）就是这种崩溃无助感的恰当隐喻：当致命的一桶水浇到她身上时，她尖叫着"我融化了！"，然后化得无影无踪！在我们这个充满复杂性和不确定的世界中，数字信息系统的完善意味着他人可以随时联系上我们，过度型思维也因此泛滥。

虽然数字时代给我们带来了巨大的好处（尤其在新冠疫情全球暴发期间），但它也给我们带来了挑战。我们的智能手机让我们通信畅通，这意味着我们觉得自己有必要 24 小时在线，积极回应。根据研究，53% 的人在"失去手机""电池或话费用完""没有网络覆盖"时会感到焦虑，甚至还有一种临床焦虑，叫作"无手机恐惧症"——失去手机通信的情况下表现出的焦虑情绪[5]。由于过度型思维，我们感到无尽的要求和无穷的压力。我们将在本书后面的第 4 条和第 5 条技巧中探讨如何应对这种思维的挑战。

## ◎ 过度型思维作怪的事例

我以前的一位来访者唐纳尔（Donal）是交通行业的高级运营经理。他说他晚上或周末很难放下工作去休息，早上五点醒来第一件事就是看手机。我们一直试图解决这个问题，直到一天，一件事情改变了他。

他敬爱的岳父离世了，这是他30多年的婚姻生活中一直深爱和尊敬的人。葬礼结束后，他和其他家人去了一家高尔夫俱乐部守灵。突然，他意识到他的工作手机不见了，并认为一定是把它落在了火葬场。这让他惊慌失措，他火速离开守灵场，回到火葬场的停车场寻找手机。当到达那里时，他看到手机上的红灯在黑暗中闪烁。他感到瞬间的宽慰，但很快强烈的内疚和悲伤感向他袭来：为了保持工作上的联系畅通，他把妻子独自留在岳父的守灵场上，错过了悼念他敬爱的岳父的守灵仪式。这一刻的真相改变了唐纳尔，使他投入大量的精力和注意力调整思维模式，寻找他的丰盈之法。

## 丰盈型思维——相信丰足

丰盈型思维处于天平中间，使我们能够摆脱来自两端的忧虑，它源于相信富足的生活就在身边。丰盈，是在匮乏和过度之间保持平衡的一股力量，往往被人们简单地理解为不坏。然而，情况远非如此，它远比这更为复杂和令人鼓舞。

首先，让我们回顾一下我所说的丰盈的含义。丰盈是一种富足的状态，拥有发展和成长的意愿，并怀有雄心壮志。

它让我们超越了极限的判断，充分挖掘了自己的潜能。丰盈是一种绝妙的平衡状态，接纳和践行就处在这个平衡中，并相互关联。丰盈型思维源于爱与富足，它为我们提供了一个接纳和认可的途径。相信丰盈，践行丰盈，并且在丰盈中成长。

在我自己的学习历程以及与数百名来访者合作的实践研究中，我发现了构成丰盈型思维的三个要素。

◎ 丰盈型思维 1：丰盈源于爱，而非害怕

丰盈型思维基于这样一种信念：我们是可爱的，包括所有的缺点和天赋。当然，我们可以改变和成长，但起点是我们是我们自己，这就足够了。塔拉·布莱克（Tara Brach）将这一观点称为"激进的自我接纳"。[6] 对我们中的许多人来说，要做的是花时间学习接受自己，并且，我们要更爱自己。我父亲曾经告诉我，驱散恐惧的良药是爱。这与我的想法不谋而合，因为当感到恐惧时，我会立即对自己和他人更加挑剔。当我们调整到丰盈型思维时，我们可以将恐惧转变为爱。那时，我们是可爱的。最重要的是，我们在爱自己。当我们爱某个人时，我们会变得宽厚仁慈——我们希望他们学习、成长，并做得更好。

从丰盈型思维来看，我们的缺点不是永久不变的，而是我们学习的起点。我们偶尔犯错，可能只是因为我们初出茅

庐。我们表现得不够优异，可能不是我们能力不够，只是我们当天状态不佳。我们任务干得不够出色，并不意味着我们就没有希望成功，只是说明我们还需要努力——有时认识到这一点就足够了。当事情不是尽善尽美时，相信我们可以把它做得更好。要知道人类的基本生存状况就不完美，所以凡事不可能十全十美。

### ❧ 实践练习 1：欣赏

学习留意自己身上的闪光点，这对你大有益处。这样做的好处已得到充分证实，并能帮助你从匮乏的状态走向丰盈、充足。关注自己身上和生活中有价值的东西，无论大小，它们都会让你开始欣赏自己，而不是对自己所欠缺的东西耿耿于怀。

- 每天记录三件令你自我欣赏的事。
- 列出你感谢自己所做过的事情。认可自己的努力是对抗完美主义的好方法。
- 对你生命中值得感激的事情表示感谢。通过认识事物是多么美好，唤醒感恩意识。

经常练习可以帮助我们每天获得片刻的快乐，这反过来又让我们保持丰盈型思维。当我们能够认识到自己是完整的、充实的、丰盈的时候，我们就能面对生活抛给我们的一切。正如玛雅·安吉罗（Maya Angelou）所说，"你自己就足矣——你无须向任何人证明什么"。

◎ 丰盈型思维 2：承认事物的本来面目，关注当下

丰盈型思维的出发点是接受世界的本来面目，而不是认定它应该是什么样子的。[7]

承认事物的本来面目意味着我们的出发点是此时此刻，而非将事物理想化。透过丰盈型思维，我们可以看到完美只是幻想，因此我们要将自己从完美主义的魔爪中释放出来。当然，我们可以追求卓越，但我们是基于下述立场：全力做好对我们而言重要的事情，这就够了。我们从所做的事情中找到心流状态，而不是不断地强迫自己干得更多或更卖力。

精神分析学家兼作家唐纳德·温尼科特（Donald Winnicott）创造了一个著名的术语"刚刚好的妈妈"，用以描述研究中发现母亲对孩子的有益回应[8]。他观察到，母亲的首要任务是及时回应婴儿的需求。当我为人母的时候，我对自己说："我不想只做到刚刚好，我要超级棒！"那时我并不理解温尼科特描述的更深层的需求。满足婴儿的需求，基于婴儿的情况成为"刚刚好的妈妈"，是需要一些真正的技巧和全身心的投入的。关注此时此刻，承认婴儿都是不同的，都有其特殊需求，母亲能够理解和关注孩子的需求，而不是关注她所认为的应

该关注的东西。温尼科特告诉我们，作为一个母亲，给予的既不能太少，也不能太多，当给予的足以满足每个婴儿的需求时，孩子就会在心理上健康发展。这个发现使我们超越了成功和失败的二元概念，朝着更具包容性和智慧的方向发展："刚刚好"是蓬勃发展的起点。

### ◎ 丰盈型思维 3：世界是丰盈的——资源可再生

丰盈型思维将生活视为一个充满丰富机会和不断更新的过程。由于我们处于一种平衡状态，渐渐枯竭的资源有了恢复的空间，它们就会有再生的机会。我们从自然界的周期性模式中得出这样的构想：在这种模式中，补充恢复如同岁月交替一样不可避免，春天的再生是冬天蛰伏后的必然。对我们来说也是如此：我们也生活在循环中——饿了，需要吃东西；累了，需要休息。

当我们调整到这种模式并学会相信它时，我们发现，害怕匮乏和过度变成了相信爱与富足。我们所拥有的以及我们所提供的和我们所消耗的东西都是丰富的、可再生的，并且足以满足我们的需求。当相信这一点时，我们会变得轻松，因为我们知道有足够的资源来满足我们的需要。

## 如何辨别自己的思维

讨论了匮乏、过度和丰盈这三种促进或阻碍活出丰盈的思维后，让我们来探讨一下如何识别你的思维模式并且讨论下如何改变它。我们中的许多人机械地生活着，丝毫没有留心自己的思维模式是怎样的，更别说质疑自己的潜在想法了。他们这样做的部分原因是觉得这就是他们的一部分。他们就像一只在缸里游动的金鱼：一个路人问"水怎么样？"金鱼回答："水是什么？"当我们安于所习时，我们如何觉察出自己的潜在想法？意识到另一种可能性？

我们自以为正确的自我认知和对世界的认知，都是在我们很小的时候就形成的，并受到复杂的先天和后天因素的影响。我们将有怎样的可能性？对于这个问题，我们的认识会随着经历而发生改变。我们可能会害怕自己做不到，但当我们做到时，我们意识到自己是可以的，但这不会改变我们根深蒂固的信念。在将这些问题公开讨论之前，我们很难质疑那些信念，也很难改变自己的世界观。

问题的关键在于你要开始留意自己的思维模式，这样你就可以意识到它们，并给自己一些选择。关注以下三点将对你有所帮助：

1. 你在告诉自己什么。

2. 你所使用的语言。

3. 你的情绪。

### 你在告诉自己什么

因为我们的大脑喜欢按照熟悉的模式工作，所以我们内心的信念可以被深深隐藏而不被注意。识别思维模式的关键是真正开始注意倾听大脑中的声音。想象你的脑子里有各种不同的声音，如同皮克斯制作的《头脑特工队》(Inside Out)把情绪拟人化一样，将大脑中的每种声音化为一个个鲜活的人物。有时，你可以大声说出你的想法或把它们写下来。用这种方式把你的想法真实地呈现出来，你就会注意到你在告诉自己可以做什么，不能做什么。

以下是我脑子里回响的声音：

"如果你现在公开表态，你会看起来像个白痴。"

"这里的每个人都知道得比你多。"

"你不知道你在做什么。"

"你永远也做不到——你不够聪明。"

一旦注意到这些声音，你就可以开始辨别你的思维模式和你做出的假设。就我而言，上面的声音让我认识到它们都是源自恐惧，即"匮乏型思维"。接着继续问，"我在设想什么？"之所以用"设想"一词，是想强调我们所能改变的东西，这样我们就能专注于此。我们的许多想法可能是受他人影响而形成的，并非源自我们内心的真实感受（我们将在技巧2中探讨）。

《思考之时》①（*Time to Think*）[9]一书的作者南希·克莱恩（Nancy Kline）教练称这些想法为"限制性设想"，它们阻碍了我们，并使思想者的想法僵化不变。克莱恩提供了一个很好的方法来洞察并改变脑子中的"限制性设想"，她把这个方式称为"提出尖锐问题"。在下面的实践练习中，我概述了该过程，并增加了丰盈元素。

### 实践练习2：提出尖锐问题

- 进行限制性设想。可以用文字记录自己的所思所想，如同我上面的做法，也可以请某人（心理教练、同事、朋友，或克莱恩所说的"思考伙伴"）聆听你的想法，并把你的想法复述一遍，这样你就能识别这些话语背后的设想。

- 接下来，你（或者你的"思考伙伴"）进行提问，"我的限制性设想是什么？"

- 比如，我的限制性设想是"我不够聪明，不能公开

① 书名为译者自译。——译者注

发言"。

- "你真的认为你不够聪明,不能公开表达意见吗?"

- 你可能会说:"不……不是真的。"因此,你弄清楚了一个限制性设想。你内心深信不疑的观点并不是真的正确。

- 在你识别出这个限制性设想后,就可以从丰盈型思维的角度考虑另一种可能,并用语言表达出来。此时,我们并不是要找寻另一个极端——二元关系是毫无益处的。你所要找寻的是对位信念,一个不同的看待事物的方式。你的"思考伙伴"会问你:"怎么说更符合事实?解放自己的另一种说法是什么?怎么样才能称为'够'?"

- 你可能会回答,"事实上,我觉得自己充满好奇又热情。"

- 然后问自己一个尖锐问题——"如果你发现自己有足够的……,那你会拥有哪些可能呢?"

比如在这个例子中,尖锐问题是:"如果你发现自己有足够的好奇心并且充满热情和激情,那你会拥有哪些可能呢?"

- 提出尖锐问题后,说出或写下你的答案。一直提问,直到你穷尽所有答案。你的回答可能五花八门,足够让你大吃一惊。

- 选择其中一个回答并重复练习,这有助于你形成一个符合丰盈型思维的新设想。

## 你所使用的语言

识别思维模式的第二条线索就是，不仅要注意自己说了什么，还要留心自己是怎么说的。积极心理学创始人马丁·塞利格曼（Martin Seligman）在《学习乐观》（*Learned Optimism*）[10] 一书中描述了悲观情绪在自我对话模式中的影响。他研究发现，悲观情绪可以严重影响 3P。他所说的 3P 是：

- 个人化（Personalization）——无论发生什么，都是你的错，如"我为什么这么笨？"。
- 普遍性（Pervasiveness）——由于生活中的某个方面出了问题，所以你认为生活的方方面面肯定都有问题，如"我什么都做不好"。
- 永久性（Permanence）——你目前面临的挑战永远不可能完成，如"这一点我永远也学不会"。

你会看到，在前面的例子中有不少流露出影响 3P 的负面语言。当你听到自己在使用自责性词语、评判性词语以及含有"永远"之意的词语时，你就会发现自己的思维模式是"匮乏型"或"过度型"。

## 🌿 实践练习 3：自我对话模式

1. 从留心脑海里的声音开始。

● 当你听到批评的声音时，写下具体内容。

● 你的批评声音使用了什么语言？

● 你是否默认了 3P 设想？

● 这个声音用的是什么语气？

● 声音背后的思维模式是怎样的？

2. 现在从丰盈型思维的视角发出声音。

● 这个声音会对你说什么？

● 这次用的是什么样的语言和语气？

● 把它写在第一种声音旁边。

3. 试着用丰盈的声音取代批评的声音。

4. 注意新的声音带来的影响，并把它写在前两句的旁边。

### 你的情绪

另一个识别你思维模式的关键是情绪。你在面临挑战时有什么样的感受？比如，注意到自己感到恐惧，将有助于觉察匮乏型思维。如果你感到崩溃，这可能是基于"过度型思维"产生的想法或感受。这是需要练习的。

## 实践练习 4：观察情绪

在观察自己的情绪时，试着问得更具体一点。

● 你确切的感受是什么？

● 这种感受在你体内的什么位置？

● 生理上有什么反应？

在技巧 3 中我们将探索情绪对生理的影响。但目前，这个练习旨在帮助你养成关注自己想法和感受的习惯，这样就可以判断出支撑你体验世界的思维模式是怎样的。

## 学会回到丰盈型思维

丰盈型思维是平衡所在。正如我们所知的，平衡是动态的，需要不断地调整。我们每天都需要多次重新建立平衡，尤其是当我们在打破旧的思维习惯和根深蒂固的信念体系时。好消息是我们完全有可能改变思维模式。通过多年的研究以及与来访者的交流，我总结出改变思维模式的关键步骤：

1. 留意。

2. 停下来反思。

3. 选择。

4. 调整。

回到属于你的丰盈型思维状态，第一步是用侦探般的好奇心留意你的思维模式。关于对自己、对世界的设想，你能从自己身上获得什么线索？你注意到你有哪些感受？这能告诉你，你选择了什么样的思维模式——现在的你从何而来？这需要细致、有意识地分析。这是需要时时追踪的方法，要求你留意、留意、再留意。一旦你掌握了留意自己思维模式的技巧，你就可以停下来反思，给自己一个选择的机会，并有意识地改变现在的你。你有能力掌控你认为可能的事情。当你选择运用丰盈型思维时，你就选择了相信自己、相信丰盈的世界，并且选择相信自己是丰盈的。

## 重点概述

- 我们对自己和世界的信念决定了我们的思维模式。
- 匮乏型和过度型思维都源于恐惧。
- 消除恐惧的良方是爱。
- 冒名顶替综合征源于匮乏型思维。
- 丰盈型思维是以自我接纳、爱与相信丰足为基础的。
- 留意你对自己的设想、使用的语言和情绪，你可以据此了解自己的思维模式。
- 通过给自己其他的选择来改变思维模式。
- 改变思维模式的步骤是：留意、停下来反思、选择、调整。

丰足

建立丰足感，发挥丰盈型思维的潜能。

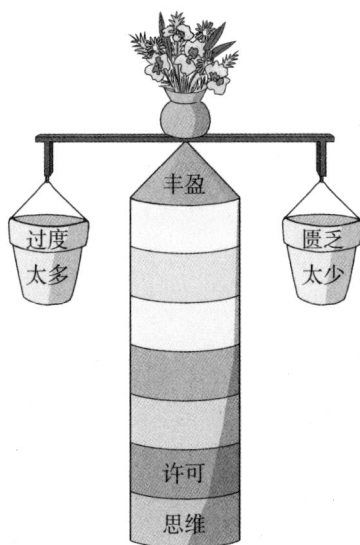

## 技巧 2：对丰盈的许可

——找到归属的自由

*未经你的同意，没人能让你感到自卑。*

——埃莉诺·罗斯福（Eleanor Roosevelt）

在技巧 2 中，我们将重点讨论允许自己丰盈是一种怎样的感受，以及是什么让我们缺乏这种许可。我们将探讨如何放下以往的态度和观点——不属于自己的自我认知，它阻碍我们接纳此时此刻的丰盈。我们还将探究如何从束缚中解脱出来，找到归属感，用自己的方式健康发展。

我们要探究：

● 为什么允许丰盈很重要？

● 你的期待。

● 归属的规则。

● 何人的信念影响着你？

● 放下才能接纳。

● 你的身份、核心目标和价值。

● 你的许可自由。

## 为什么允许丰盈很重要

米歇尔·奥巴马（Michelle Obama）在她的自传《成为》（*Becoming*）[1]中写道，作为一名工人阶级出身、来自贫民区的年轻黑人女性，她曾有过一段打破偏见的历程。虽然她的家人一直信任她，但是其他人对她的成见需要她从内心深处寻求信念的支持。她遭受过根深蒂固的种族偏见——因为肤色问题被认定不够好，但她从偏见的阴影中走了出来，对个人潜力形成了自我认知。因此，后来她能够说她毕业于常春藤联盟大学，有一份极好的工作，"我够好吗？是的，我够好。"她说，"我学会了坚持自己的信仰和价值观，遵循自己的道德准则，那么我唯一需要实现的就是自己的期望。"[2] 她学会了认可自己，并让自己蓬勃地成长。

我的第一份职业是演员——在一部全女性制作的舞台剧中扮演哈姆雷特（Hamlet），并出国巡回演出。在舞台剧中朗诵出那句尽人皆知的台词总是非常有趣的：正因为它们众所周知，所以对我来说最大的挑战是赋予它们新鲜感。"生存还是毁灭，这是一个问题"就是其中一个例子。尽管这句台词我已经说过成百上千次，但每次说的时候，我都深受触动并产生共鸣。这句话让我明白要允许自己成为真正的自己——变得丰盈，或不丰盈。

我之所以使用"许可"这个词，是因为我们很难找到平衡，我们意识不到自己没被允许实现平衡。丰盈的许可意味着探究那些让我们陷于匮乏或过度状态的情绪和纠结，它们根深蒂固，甚至在我们已经发现并应用丰盈型思维时，它们也羁绊着我们。我们都知道，仅仅思考并不足够，我们还必须用心去感受它。耶鲁大学幸福科学项目主任劳丽·桑托斯（Lauri Santos）博士将这一情况称为"特种部队悖论"[3]：即使我们认识到某件事的正确性，但认识本身并不会带来任何改变，除非我们能够接受它，或对此采取行动。认识只是成功的一小部分。我的心理教练兼朋友迈克·卡希尔（Michael

Cahill）说："你无法打破惯性思维。"匮乏和过度引起一连串强烈的感受，这些感受与我们的信念纠缠在一起，有力地控制着我们，直到被我们察觉并表达出来。

正是我们对自己和世界持有的设想和信念，常常使我们陷入匮乏状态。它们让人有种熟悉感和归属感，让我们获得慰藉。过去的一些观点与看法甚至也在禁锢并影响着我们的思维习惯。我们需要付出努力才能放下它们。允许自己丰盈，要求我们不仅用头脑，而且用心灵，更深入地审视我们的信仰和设想，只有这样我们才能对过去的匮乏说"不"，对未来的丰盈说"是"。

跟你分享一个我的个人经历吧。那是在 20 世纪 80 年代末，我意识到自己喜欢同性。当时，我周围的一切都告诉我，最坏的情况是，我会被认定有罪，至少会产生许多问题。当我宣布自己喜欢同性时，我身边的人告诉我，我选择了一条艰难的道路，这条道路将极大地限制我的事业、家庭和生活。当时的社会就是这样，法律上也是如此。艾滋病被认为是"同性恋病"，当时该病正处于高发期，致使数千名同性恋者死亡。英国在 1988 年通过的第 28 条法律，当时仍然生效，这意味着当时在英国宣传同性生活方式是非法的，甚至暗示接受同性情感也是非法的，更别说在法律上允许同性结婚。因此，我学会了在工作环境中调整自己的角色（在个人生活中，我很少如此，这要感谢我亲爱的朋友和家人）。这已经是几十年前的事情了，如今时代变化真大啊！我有两个十几岁大的女儿，原本担心她们可能会因为由三个同性父母〔我、我的妻子，还有我们最好的朋友约翰蒂（Johnty）〕共同抚养她们而受到欺负，但她俩从来没有因我们的家庭构成而大惊小怪，只是偶尔抱怨要花很长时间对外解释。当然，多年来，我在自我接纳方面做了很多工作，并学会了重新调整从小就形成的"恐同"思想，以了解真正的自我。然而，直到现在，经过这么长时间，如果有人问我（往往是在工作场合），比如，"你的丈夫是做什么工作的？"，我还会犹豫不决。在那一刻，我可以感到一股紧张的情绪在我的身体里流淌，并感到羞耻、孤独和没有归属感的恐惧。从认知上来说，我已经调整了我的信念、思维体系，但在内心深处，我仍然需要每天练习，告诉自己我是可以被接受的，我有归属。在那一刻，我急需自我认可——接受真实的我，并最终获得丰盈。

摆脱原有信念体系的束缚可以赋予我们能动性，这反过来又能帮助我们减轻因重新构建自我认知和世界观所产生的不适感。这就是为什么许可如此重要。我倡导的远不止允许我们做自己并获得他人的接纳，对丰盈的许可还包括拥有成长、发展的自由，成为最好的自己的自由，获得蓬勃发展的自由。我们要冲破我们自己或他人的限制，允许自己在对丰盈许可的平台上熠熠生辉。

几个世纪前，圣奥古斯丁（St Augustine）写道："人们出国旅行，赞叹山之高耸、海之巨浪、河之长流，赞叹浩瀚的海洋罗盘、星辰的圆周运动，但当他们从自己身边走过时，却并无赞美。"[4] 我喜欢这句话，因为它提醒我，不仅向外看很美妙；向内看，我们也可以找到自己内心深处的巨大罗盘，找到我们快乐的"圆周运动"，并赞叹真实的自我——在这样做的过程中，我们就能找到我们的自由。这是一次通往内心世界的旅程。一旦我们做到了这一点，我们就能让自己体会到对心流和丰盈说"是"的感觉。

## 你的期待

让我们开始剖析对自己的期望以及这些期望来自何处吧！你认为自己有能力做什么？如果你愿意，你期望自己能实现什么？与我共事的许多人都清楚他们的人生目标，包括职业道路或人生大事。他们不假思索地关注着眼前的事情，抓住眼前的每一个机会。在某种程度上，你属于哪一个阵营并不重要：我们都是不同的，并且以不同的方式找到我们自己的道路——我们可能在人生的不同阶段，并且在不同阵营之间来回变动。然而，在不知何故停滞不前的时候，我们面前有一道不可逾越的障碍（内在的或外在的），我们需要探索更深层的信念。它们来自哪里？它们真正属于谁？它们还适用于我们吗？哪些潜在的力量可能会阻止我们实现内心深处的渴望？

成年后，我花了很多时间来训练自己不过多关注别人的评判，并且从自己内心的罗盘中汲取丰盈的能力。对我们中的一些人来说，一个巨大的挑战是在内心深处接纳丰盈，而不是通过别人的认可、自己所做的工作和社会地位来证明自己。而且，这些期望往往是我们早期生活经历的产物，会让我们一直陷入困境，除非我们意识到它们。例如，我家兄弟姐妹四个，我排行第三。在家中，学习成绩受到高度重视。我的姐姐和哥哥在学业上都很优秀，我生活在他们的阴影下。这给我留下了一个毛病，那就是必须不断证明自己是聪明的，并努力证实这一点，这让我精疲力竭。对我来说，努力证明自己值得关注、值得被爱是一个过时的思维模式，但直到我开始探索为什么我如此拼命时才意识到这一点。我一直在驱使自己超额完成任务，并追求所谓的成功，但这一切都是为了回应一些早已跟我不再相关，并且对我毫无裨益的事情，然而这种感受根深蒂固。我意识到对丰盈的认可必须来自内心。

在《大跳跃》（*The Big Leap*）[5]一书中，生活教练盖伊·亨迪克斯（Gay Hendricks）谈到了"上限问题"这一现象。

他描述了一种模式，即那些准备迈向新的成功或获取新的成就的人，莫名其妙地开始自我否定。他们怀疑自己的潜力，这使得他们无法取得他们本可以取得的成就。我在实践练习中也观察到了这一点，无论是在职业发展方面，还是在其他方面。我们的信念所涵盖的范围不仅涉及职场，它们会限制我们做各种事情的能力——从寻找并维持关系到完成自己设定的运动挑战。背离我们坚持半生的信念需要敏锐的洞察力和极大的勇气。

## 归属的规则

让我们一起来探究下到底是什么羁绊了我们。当我问你对自己的期望时，你会想到谁？是你自己，还是其他人？在思考自己想要实现的目标时，我们发现在我们的想法中还有另一种影响力：可能来自父母、兄弟姐妹，或者老师。总之，这种影响力一定是来自幼年时期对我们影响（积极或消极）巨大的人。

约翰·惠廷顿（John Whittington）在他的书《系统辅导与整合》①⑥（*Systemic Coaching and Constellations*）中说，人类最

---

① 书名为译者自译。——译者注

深层次的需求是归属感。此外，"归属感只能发生在一个关系系统中，一个与他人交往中形成的关系系统"。想想你归属的第一个系统——你的原生家庭。你原生家庭中明确的或不言而喻的归属规则是什么？在你成长的过程中，你的家人赞许什么？反对什么？绝对禁止什么？我们内心最深的信念，无论你喜欢与否，都来自早期影响，我们可能在一生中不由自主地坚持这些信念，毫不置疑。在心理学上，这个时期被称为"印刻期"。我们百分之九十的价值观和信念是在十岁前形成的。当然，这其中许多信念可以充分滋养我们的心灵，赋予我们强大的力量，但是同样地，其中的一些并没有给我们多大帮助。限制或成就我们的两个关键信念，是我们的自我认知和我们对世界的看法。

### 🌿 实践练习 5：归属规则

下面的练习可以让你更好地了解归属规则。

- 想想你的原生家庭，在纸上画出一个正方形。

- 在正方形内部写下归属规则：你家人秉持的一些信念，包括那些不言而喻的。可能是诸如："我们努力工作""我们不要对生活太较真""最好对感情保持沉默""如果我们不同意，我们告诉彼此——吵一架也比闷在心里强"。这些规则不仅包括行为，还涉及你家人对未来归属的期望。例如，"只有家族里的儿子在家族企业工作""我们家孩子不上大学"，甚至更明确地界定为"我们是军人家庭"或"我们是一个基督教家庭"。

- 现在想想那些归属之外的规则，无论是明说的还是暗示的。同样可以是与行为有关，"大吵大闹""炫耀""不努力工作"，也可以是人们做的事情，如"全职工作的母亲""没有信仰""吸烟"。把这些写在你画的正方形的外面。

- 看看正方形内外的规则，画出那些你在潜意识中暗自坚信其正确性，并对你仍有影响力的规则。

- 重复这个练习将对你大有帮助。你可以在你曾经参与的其他重要系统，如学校、信仰社区、友谊团体或工作过的机构中重复上述做法，寻找那里的归属规则是什么。

这个练习可以帮助你分析并了解你自己的归属规则——在一生中学到的，并会一直遵守的规则。其中一些规则仍将给予你正面影响，并让你有一种积极的认同感。另外一些可能在你人生中某个时刻有用，但之后不再适用。你很可能已经有意识地违反了某些规则，这意味着你已经背弃了你的家庭规则，例如，成为家庭中第一个上大学或者在事业上比父母更成功的孩子。一方面，家人可能为此感到骄傲，但另一方面，那些离家求学的人往往有一种分离感——对原生家庭的不忠感。这会导致一种强烈的孤寂感——一种无归属的感觉。是坚守还是背离我们所属的体系，这对我们非常重要，值得重视。

为了更好地理解这是如何影响我们的经历的，让我们了解下伯特·海灵格（Bert Hellinger）（家庭系统排列治疗方法的创始人）的观点。他告诉我们，每个系统都有"集体良知"——一种支持归属规则的道德准则。这种集体良知将深刻影响我们对自己所在群体中可以接受（让我们感到坦然）或不可接受（使我们感到内疚）东西的看法。如果我们想做的事情违反了我们家庭系统中的集体良知，那么我们会感到内疚。如果遵循集体良知，那么我们会内心坦然。海灵格说，"没有内疚就没有成长"[7]。他的意思是，为了在当下蓬勃成长，我们有时必须打破过去集体良知或系统中学习的归属规则。当我们这样做时，我们会感到内疚，因为我们放弃了曾经属于我们的东西。

在本项研究中的一位老师，林恩·斯通尼（Lynn Stoney）以恐怖分子为例，解释了集体良知的强大力量。[8]例如，有人犯下暴行——放置一枚炸弹炸死平民，这与其集体良知一致，因此在他眼中，他是无罪的。对他来说，他认可这样的暴行，因为这是信守他的集体良知的行为。当然，在这样一个极端的例子中，还有其他层面的因素在起作用；但它表明，当集体良知把人们与他们的群体紧密地捆绑在一起时，人们即使做出罪大恶极的事，仍然会觉得问心无愧。正如 GK. 切斯特顿（GK. Chesterton）曾经写道的，"士兵奋战，并不是因为他仇视眼前的东西，而是为了他身后的所爱。"[9] 在这种情况下，内疚和坦然更多是与集体良知的归属感、忠诚度有关，而不是与重要的道德准则有关。上述例子表明了这些信念在我们脑子里有多么根深蒂固以及它们可以在多大程度上推动（阻碍）我们的行为。

让我们回到海灵格的观点。他说，从一个系统转到另一个系统需要忠诚的转移。当身处一个熟悉的系统中时，你了解并懂得隐藏的归属规则，无论是否明确表达过，你都会遵守它们，并且内心感到坦然无愧。当打破边界进入一个新的系统时，你一定会对离开的那个系统感到内疚。正是这种隐藏的忠诚阻碍了我们做出长期性的改变，如果不清楚它们是什么，那么我们仍会盲目地忠诚于第一个系统。

从一个系统转到另一个系统，我们可能会有不忠感甚至内疚感，这是一种不适的感觉。我们需要明白改变是一回事，而探索前行是另外一回事。我们的改变能力受限于我们忍受不适与内疚的能力，有时甚至是忍受孤寂的能力。有时，忠于过去更容易让我们有熟悉的归属感。尽管转变并不总是容易的，一开始可能会感到非常不适，但这就像必须穿新鞋一样——一旦我们穿了几次，它和我们的脚磨合了，我们就可以适应它了。我们有了新的归属感，但这一次我们做出的选择更适合当下的我们。

## 何人的信念影响着你

举个例子，30多岁的弗朗西丝（Frances）是一个大公司的执行董事，颇具才华。但在与同事及与公司高管或首席执行官开会时，她常常感到自己被忽视。她联系我寻求辅导，最初她希望就仪态、声音、肢体语言进行培训，以便她开口说话时能够被关注、被倾听。当我问她为什么提出这样的要求时，她解释说，她想努力树立自己的权威和稳重感，这样别人就能认真对待她这个董事，尤其是那些年长的男同事。

在辅导开始时，我想，她会不会仍然坚持着过去系统中的某些东西，这些东西使得她对自己现在的权力感到不适。于是我开始询问，在家庭系统中什么人能给她力量：

"看到你成为一家大公司的董事，谁会感到高兴呢？"

"哦，我奶奶，"她立刻回答说，"她一直相信我。"

我们在地板上放了一支记号笔，代表那位支持她、信任她的奶奶。

"当你不被关注、不被聆听时，你对谁说的话坚信不疑？"

她再一次毫不迟疑地说：

"我妈妈。她总是告诉我要安静，回自己的房间，不要妨碍她做事。她不想让我大惊小怪。她从未工作过，我觉得她也从未相信过我能工作。我是家里第一个上大学的孩子，因此在 18 岁的时候我就离开了家，从那时起我就独立了。我仍然认为她觉得我没有能力取得成功。我几乎能感觉到她的怀疑。"

我们在地板上放了一支记号笔代表她的母亲。

"你认为这两个女士中哪一个是对的？"
"她们都对。有时我觉得自己已经长大成人，很有责任感；有时我又感觉自己就像一个微不足道的小女孩。似乎有两个版本的我。"

当我们剖析她的经历时，弗朗西丝意识到，一方面，她的一部分信念源自她母亲的世界观，即女性没有工作或在世界上没有话语权，这反映了她母亲的个人经历。另一方面，她的奶奶不这样认为，她总是相信弗朗西丝会走得很远。

在我们研究她的家庭系统时，弗朗西丝感谢她的奶奶，感谢她的信任——她说这是她生命中的一种持续的支持力量，尽管她的奶奶已经去世。弗朗西丝意识到，她还秉持着一个并不属于她的观念——女人不该有话语权，这是她母亲的观念，这个观念阻碍了她前行。我们为弗朗西丝编写了一段话，让她对代表她母亲的人说出来，这样她就可以把这个观念诚恳地交还给她妈妈。

妈妈，我知道我在工作和生活中拥有你从未有过的机会。女人不应该工作的观念来自你和你的经验。属于我的那部分信念，我会坚持；属于你的，我怀着最大的敬意，交还给你。当我学习如何在公司里担任高级主管、树立威信时，请对我微笑并赞许我。

承认、交还责任和祈求祝福的做法虽然简单易操作，却有着深远的影响。

海灵格将这项系统性回顾工作描述为"恢复生命和爱的

流动"，是"通过联结被误分离的事物以及分离被误联结的事物实现的"。在这个事例中，弗朗西丝不知不觉地秉持着她母亲的观念，这阻碍了她树立威信，也阻碍了她相信自己可以拥有现在的职位。她需要打破伴随她成长的归属规则，并创建新的规则，这样她才能创建内心新的归属体系。不需要做任何言语上的改变，一旦弗朗西丝摆脱执念，不再认为自己无权拥有，她的威信就开始增加了。

### ❀ 实践练习6：隐秘的忠守

尝试以下练习。你对自己能做的和不能做的事持有什么看法？把它们写下来，并反思下面的问题：

- 当你按照某个想法行事时，谁会对你微笑赞许？
- 在坚持那个想法时，你在忠于谁？
- 那个想法对你有益还是阻碍了你？
- 这一想法是你的还是别人的？
- 要放下哪些想法，你才能获得成长？

当我问到这些问题时，人们常常立刻意识到这些限制性信念的源头出自何处。它来自人们自身，类似于本能——是一种体会，是人们真正表现出来并长期坚持的，以为是自己的东西。你可能也看到了这一点。如果你意识到你坚守的信念并不属于你，而是来自过往的某个人，或对你不再有益，那么你可以找一个方式诚恳地把它交还给那个人。你不必再坚守。如果那个信念确实属于你，或对你有用，那你可以保留，然后把它放到恰当的地方。这样，你就可以获得你所在的新系统的支持，从而自由自在地、无拘无束地走向你的未来。

这是为了实现丰盈的深耕。我们常常感到自己还有很多欠缺，感觉为了得到爱与肯定必须做些什么，这样的信念有意或无意地把我们推向了匮乏或过度的感受。为了摆脱束缚，活得轻松又丰盈，我们有时需要回望并放下内心里坚守但并不再正确的信念。我们需要允许自己丰盈，这样我们才可以继续学习、成长。

## 放下才能接纳

我最喜欢的一句话就是："放下才能接纳。"如果能够发现并放下对我们无益的执念、限制性设想、过往的纠结，那我们就可以接纳一切。在《U 型变革：从自我到生态的系统革命》（*Theory U:Leading from the Future as it Emerges*）[10] 一书中，奥托·夏莫（Otto Scharmer）把这个过程称为"自然流现"——允许你"开放的大脑""开放的胸怀"和"开放的意志"对其他的可能性保持开放态度。这样的状态可以让我们遇见未来。到现在为止，技巧 2 一直探讨的是放手的过程。

只要远离天平上的两个极端——匮乏和过度，进入丰盈状态，我们就能够重新创造可能。

现在是时候决定你允许自己做什么了。把它想象成你的新跳板。学会相信你具备你所具备的能力。这种转变就像有两台收音机：一台旧的，一台新的。随着时间的推移，你把旧收音机的音量逐渐调小，把新收音机的音量逐渐调大，直到最后，你所听到的都是来自新收音机的声音。通过这种方式，你将打开你所需要的神经通路，成为现在的你（这点我们将在技巧3中更详细地讨论）。对于这个转变阶段，我想用"意识同意书"来描述，这类似于你小时候父母不得不签下的允许你参加学校集体旅行的同意书。在你自己新学的信念中会出现什么样的新目标？在你即将踏入的新系统中，新的归属规则是什么？

### 实践练习7：意识同意书

回到本章中前面做过的练习，在纸的中间画一个正方形。

● 在生活中，你的归属规则是什么？那些允许你接纳并践行丰盈的意向规则又是什么？请写下后者作为你的意识同意书。

● 你一定要从正方形中移出的规则有哪些？你可能想对它们说再见，甚至表达感谢，毕竟它们在过去曾对你有所帮助，只是现在不再有用。

明确你能做到的和不能做到的事情，明确你希望能够实现的事情和你希望如何实现它。基于原有信念，你可能会感到混乱，但你越清楚、明白地表述，越了解自己的目标，它们就越容易实现。你能够掌控这一切，因为这里所讨论的就是你的生活。这是最深层次的自我实现：你实现的是你内心所渴望的，而非你表面所追逐的。

## 你的身份、核心目标和价值

找到允许自己丰盈的方式，即你想成为什么样的人，就要弄清楚你的身份、核心目标和价值观。把这三者看成彼此之间有层级关系，对我们大有裨益：当我们知道我们要做什么（我们的核心目标）和为什么做（我们的价值观）时，我们就知道自己是谁（我们的身份）。区分它们让我们内心的想法更清晰。当它们发生混淆时，就会阻碍我们发展。例如，如果我们把价值观作为决定我们身份的唯一要素，那么我们是谁就会与我们的信念相混淆，这可能构成极大的限制。例如，如果人们的所有身份都是建立在他们的政治信仰之上，那么他们就永远不会觉得自己能够改变观点，永远不会以新的或不同的方式成长。为了弄清我们是谁——我们的身份，让我们一起探索一下如何表达我们的核心目标和价值观。

## 核心目标

你的核心目标将帮助你找到生活的意义，你可以把它当作指南针或者北极星，让你在丰盈状态下保持平衡。尼克·克雷格（Nick Craig）在《管理赋能》（*Leading from Purpose*）一书中这样描述："你的目标会给生活中的挑战赋予意义……从目标出发的人在没有人支持他们的时候也会坚持下去，而且不管怎样，他们都会坚持做下去。"[11] 目标存在于丰盈的状态中，即我们的天平中间。它来自我们的内心，从根本上来说它忠于我们的一切：忠于我们所想、所感，忠于我们允许自己是什么和做什么。这是活出丰盈带来的好处：当你从放手走向接纳时，它会让你保持专注。

你可能知道阿尔弗雷德·诺贝尔（Alfred Nobel）的故事，他设立了诺贝尔国际奖，对吧？那是在 1888 年，也就是他去世的七年前。之前他从未想过设立一个国际奖项来颂扬最杰出的人类事业。在他哥哥刚去世的一天早上，他坐下来吃早饭，打开报纸，令他震惊的是，他看到了自己的讣告。巴黎报纸的记者误把他的哥哥当成了他，并错误地为他——阿尔弗雷德写了讣告。标题是《军火商离世》。因为在那之前，他以制造和销售炸药而闻名。诺贝尔对自己做军火商遗留下的问题感到震惊，以至于他有意识地选择改变。他将余生奉献给奖项设立，并为此捐赠了大部分财富。现在，我们大多数人不会像诺贝尔一样要面临这样残酷的事实，但我们仍然可以停歇片刻进行思考。正如玛丽·奥利弗（Mary Oliver）在她的诗《夏日》（*The Summer Day*）中所写，"告诉我，你打算如何对待你仅有一次的、自由而珍贵的生命？"[12]

从更广阔的视角看待这个问题，有助于你明确身份和目标。如果把视线拉得远一点——想象你的职业生涯即将结束，或者在你年长时的一个重要的生日聚会上，你希望你会因何而得到赏识？你希望在别人眼中你是怎样的人（即身份）？你希望别人都知道你做了什么（即核心目标）？这不是外部认可，而是忠于你是谁的问题；这不仅是梦想，还是允许自己在内心深处予以接纳和认同。丹尼尔·平克（Daniel Pink）在《驱动力》（*Drive: The Surprising Truth about What Motivates Us*）[13] 中描述了他对内在动机的研究。他发现，动机最强烈的人，不限于那些高效、踌躇满志的人，他们会把个人的抱负与宏伟大业联系起来。将你的目标与你的贡献联系起来：你拿什么服务或回报这个世界。

### ❁ 实践练习 8：核心目标

1. 据说，米开朗琪罗（Michelangelo）曾评论："对我们大多数人来说，最大的危险不是我们的目标太大而无法实现，而是目标太小，我们轻易就能实现。"让我们停歇片刻、与自我联结，不再纠结能否实现核心目标吧。

现在思考如下问题：

● 你的核心目标是什么？放飞你的想象，寻找你的壮志。

● 你最大胆、最远大的抱负是什么？你想为世界做出什么样的贡献？

● 把答案写下来。

2. 如果你的答案听起来有点宏伟，不要担心，把它看作只有你自己才能做出的贡献。当我做这项练习时，我发现我的目标是："帮助个人、组织乃至人类恢复生活和世界的平衡。"写下这个回答，我感到有点尴尬——我听到心底里那个拥有匮乏型思维的冒名顶替者开始说，"你以为你是谁？"但是这个念头在脑子里徘徊得越久，它就越真实，所以我把它定为行动目标写了下来："我将支持个人、组织乃至人类恢复生活和世界的平衡。"

● 在你的核心目标下面写上一句话，作为行动目标。

3. 最后一步是将你的目标与日常生活联系起来，这样它才是真实的、实际的，而不是高远的、虚幻的。对我来说，就是从平衡自我开始。

● 在你的核心目标中添加一句话，与你的日常生活联系起来。

现在，当我感到失衡，被匮乏感或过度感搞得身心俱疲时，我会想想自己的目标，这让我重新回到丰盈的感觉。我的目标基于对自我身份的认知和自我的服务意识。我把它写下来作为行动目标，并一直把纸片放在写字桌上。这个目标不仅打败了我脑子里的其他所有声音，还让我感觉良好。

## 了解你的价值观

你知道自己想做什么，有助于你发现为什么。在本章中，我们已经讨论了很多关于信念的内容，而你的价值观就是这些内容的体现。正如我们所知，一旦你摆脱了不属于你的信念，放下了那些不符合你身份或目标的信念，你就选择了适合自己的信念和价值观。

### 🌿 实践练习 9：价值观

- 写下十个词语描述对你最重要的事情。关于生活方式，你觉得什么最重要？
- 这些词可以是以人为中心的（如家庭、朋友、社区），也可以以行为为中心（信任、联系、创造），或是以情感为中心（爱、慷慨）。如果你觉得这很难，互联网上有很多价值观可以给你启发。

- 试着把十个词语减到五个。通过减少关键词语，你将专注于对你真正重要的事情。

- 说出你的名字，然后加上"我相信"，再列出你的价值观。注意它们在你内心中引起的共鸣。你的价值观是行动的内在指南针，挖掘它们，你会获得明确的目标。

这是我生活中经常做的一项练习，非常有用，尤其是在我想弄明白价值观是否会保持不变时。在我 25 岁时很重要的东西，或许对于现在 50 岁的我已经不那么重要了。令人惊讶的是，我的价值观并没怎么变化：它们依然是仁爱、丰盈、创造、包容和联系。它们对我认识我是谁、我对世界的认知以及我能做出的贡献（个人生活和工作上）都至关重要。它们源于我的身份和核心目标，并影响着我的生活方式。

## 你的许可自由

格伦农·道尔（Glennon Doyle）在《做自己：恣意奔放》[①14]（*Untamed*）中写道，"如果我已经自由，不需要你的同意书怎么办？"那请写下你想做的事或你想成为的人，以便实现核心目标，这个行为本身就可以给你自由，因为你在改写自己

① 书名为译者自译。——译者注

的人生剧本。这样的做法让你从内心中获得认可，这样你就不必依赖他人给予你丰盈的感觉。你重新设定信念，就不会盲目地坚守一个不再适合你的信仰。你坚守的是当下对你有益的信念。

本章的大部分内容都涉及洞察内心和回顾过往，以使你摆脱过去的束缚，看到当下的自己，展望未来——一路向前，不断丰富自己、解放自己。认可并写下你已经认清的信念、目标和价值观，然后每天早上，随着每一次呼吸重复它们，这可以帮助你调整神经系统，允许自己丰盈，让自己蓬勃成长，成为你有可能成为的那个人。这样，即使与米歇尔·奥巴马在一起，你也可以坦诚地说："我优秀吗？是的，我优秀！"

### 重点概述

- 我们常常在不知不觉中对自己和世界抱有最深刻的信念。

- 信念和设想是我们前进路上的最大障碍，因为它们被我们熟知，给我们一种归属感。

- 了解我们的信念并找出它们的来源，对我们来说是大有裨益的，因为这样做就是给了自己选择的余地。

- 打破不再适合我们的旧的归属规则可能会让人不舒服，但对我们来说，这是改变和成长所必需的。

- 一旦我们放弃了旧的限制性信念，我们就可以自由地构建自己的身份、核心目标和价值观。
- 通过表达并承认我们是谁、我们为何在此、最重要的是什么，我们将建立内心的丰盈。

拥有成为自我的自由，发挥允许丰盈的潜能。

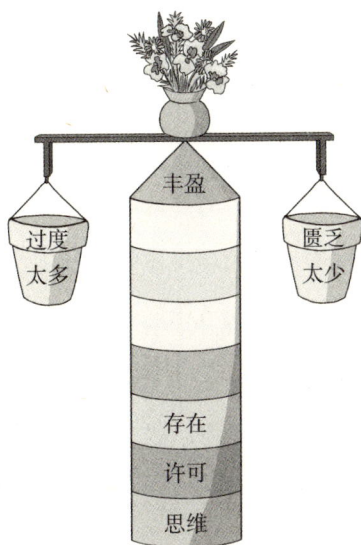

## 技巧 3：丰盈的存在

### ——掌控自己，找到心流

到目前为止，在探寻之旅中，我们讨论了如何根据自己的想法和感受找到丰盈之法。在技巧 3 中，我们将涉及身体和体验，这需要切实地了解神经生物学方面的知识，尤其是当面临压力时，我们的身体本能地做出反应的时候。此外，我们将审视自己的能量以及它将如何影响我们的存在，并探索如何使我们身体的各个部位保持和谐与联系，以及为什么这对丰盈的存在如此重要。

我们将研究：

- 丰盈的存在将带给你什么。

- 我们是如何应对风险的。

- 通过心与脑的连接实现丰盈的存在。

- 运用丰盈的存在来调节你的神经。

- 重新连接身体系统，活在当下。

- 神经功能重塑——你可以改变自己的思维方式。

- 了解激素和大脑化学物质。

## 丰盈的存在将带给你什么

丰盈在你体内是什么感觉？你在哪里感受过它的存在——在你的脑袋、你的心脏，还是你的肠道里？这听起来很奇怪，然而，我们身体的感受很大程度上影响着我们的生活体验。当我们思考如何实现丰盈的存在时，我们就是在探索创造内在的和谐统一的方法，在丰盈之所时时刻刻保持一致、平衡和专注。哈佛大学社会心理学家艾米·卡迪（Amy Cuddy）将存在定义为一种状态，它使我们能够适应外在的环境，使我们能够自如地表达真实的想法、感受、价值和潜能，当我们感受到存在的时候，我们的言语、面部表情、肢体动作浑然一体。它们具有同步性和聚焦性。这种内在的和谐是自身真实的感受，所以可以感知，能引起共鸣，它让我们变得光芒四射。[1] 丰盈的存在体现了我们目前为止讨论的所有内容。存在是思想和身体的相互平衡，它使二者融为一体，协调一致地运转，并为我们的目标、价值观和潜力服务。

很早以前，我接受了演员培训，我和我的同龄人花了很多时间研究舞台风采。与舞台上的其他演员相比，是什么让某个演员特别引人注目？他们有什么特别的、秘密的能量？我们可以对任何人提出同样的问题。是什么让社会团体中的一些领导人、政治家、体育界人士、朋友或同事拥有如此难以捉摸但又极具吸引力的品质（存在感）？作为一名演员，我在接受训练和工作的过程中逐渐认识到，存在是一种完全融入当下的能力。当你表演的时候，你处于一种自我生命暂停的状态——你和角色彻底融为一体，忘我地投入表演，以致其他任何念头或干扰都会让你失去平衡。它需要你全神贯注，倾注自己的能量。你需要对所做之事驾轻就熟，这样你就可以自由地利用自己的能量与当下的环境，进而和周围的人建立联结。

当然，存在不仅对演员很重要，对我们所有人皆是如此——无论是个人生活，还是与他人建立联系，我们都需要关注当下。我们希望在每一刻都能成为真实的自我，让人们看到真正的自我，而不是被焦虑影响的我，被紧张影响的我，或被其他任何事情影响的我，以致使我们背离我们当时所做之事。心理学家米哈里·契克森米哈赖（Mihaly Csikszentmihalyi）将这种状态称为"心流"——当我们全神贯注、专注于当下，时间飞逝而过的时候[2]，我们完全投入正在做的事情中。这样的实践练习不仅能引人入胜、富有成效，还可以创造出一种快乐的状态。万事万物都与你息息相关、协调一致。当你真的感觉到丰盈的时候，这种感觉会传递给你周围的人。这就是丰盈的存在所赋予我们的。

然而，如果你像我一样，有时醒来不知为何总感觉有些失衡，然后挣扎着去感受平衡或丰盈。在这些日子里，我本可以做一些常规的练习，用我的思维方式和感觉找到丰盈，但我内心仍然感觉不对劲，或许是有点焦虑，或许是思虑过多。那时的我身处匮乏或过度状态，似乎无法再次平衡。或者，在美好的一天，我表现优秀，然后某件事突然使我失衡——或许是因为我被强迫做一些让自己感到有压力的事情，或许是因为别人对我说话的方式让我觉得不舒服。在这些日子里、在这些时刻里，我们需要探索我们的生理机能，理解丰盈之法是如何在我们的身体状态中体现出来的。然后，我们可以在大脑、心脏和肠道中察觉出我们身体正在发生的变化，并学习实践之法，使我们回到平衡状态，回到当下。

再次审视我们的丰盈之法模型，丰盈是一种平衡、富足、自由和归属的状态，它处于匮乏（恐惧、缺乏、焦虑）和过度（崩溃、上瘾、欲望）之间。丰盈的存在是我们从内到外摸索出的平衡方式。这是一种身体状态，需要借助思维模式和内心认可的帮助。我们的生理机能是一个高度动态的系统，它每时每刻，随着每一次呼吸、每一次心跳都在发生着变化。因此，我们需要知道自己身体的本能反应。让我们探索一下这种本能生理反应是如何影响我们的，并找到走入丰盈的方法吧。

## 我们是如何应对风险的

当我们的第二个女儿还是个蹒跚学步的孩子时，她常常走一步，都要伴随我们连说几次"小心！小心！小心！"（这与我们做父母的毫无关联——我们的另一个女儿蹦蹦跳跳地上下楼梯，全然不顾危险！）我总是把这与我们的身体功能联系在一起。我们的大脑本能地保护我们的安全，并防止我们遭受任何它感知到的风险的冲击。因此，比起正面信号，我们的大脑能够更加敏锐地读取负面信号——任何潜在的危险。

当然，几个世纪以来，我们对风险的感知和快速反应能力给我们人类带来了安全感。当我们每天在野外狩猎采集面临生命威胁时，这种能力是我们生存的关键。虽然我们现在不必每天应对生死风险，但是我们必须学习如何管理风险反应。正如创伤临床医生彼得·莱文（Peter Levine）所说："尽管我们大多数人不再住在洞穴里，但我们仍然对潜在的危险有着强烈的预感，无论是来自同一物种还是来自其他捕食者……这样的恐惧心理削弱了我们的行动能力，并且已经对人类的生存没有助益。这种难以控制的恐惧使人无法恢复平衡状态和正常生活。"[3] 具有讽刺性的是，跟人类天生防范的危险相比，压力现在成了一个更大的"杀手"。在20世纪死于压力相关疾病的人多于死于被野生动物猎杀的人。为了保护自己，我们现在需要警惕自己的警觉心。如果我们是计算机，那现在运行的是一个非常老旧的操作系统。就像计算机一样，我们有时需要更新一下自己的软件。当我们学习实践并关注当下时，我们发现自己有很大的能力来改变我们的反应。在这个过程中，我们给了自己更多的选择。

那么，在我们不知何故感到恐惧，全然失去丰盈的存在而无法表现出色时，我们的身体发生了怎样的变化？比如像我一样，在演讲或进行陈述时突然僵住；曾因别人的三言两语而大发雷霆；在面对压力时想到的是立刻逃避、躲进被窝，这都是我们人类的真实反应！我们生来就是以这种方式应对危险的，而这些正是我们真正需要理解的冲动，以便我们能够积极学习如何使我们的身体系统恢复平衡并做出调整。我们将从观察更直接引发恐惧的因素开始，然后再审视我们身体中其他的恐惧模式。事实证明，为了了解如何应对风险，我们首先需要观察的身体部位不是大脑，而是身体的中心——心脏，这个与情绪和生命力量最相关的地方。这将要求我们首先从生物学的角度来研究。这是有价值的，因为理解身体系统的运行机制就是给予我们自由，从而找到平衡和当下的存在。

## 通过心与脑的连接实现丰盈的存在

　　了解心脏及其对大脑工作方式的影响，可以知道如何随时管理我们的状态。当我们面临压力时，它确实是我们回归丰盈的存在的关键。让我们从认识心脏的一些趣事开始。它是人体中最强壮的肌肉，每天大约跳动100000次。它是有自动节律的，这意味着它不依赖大脑的信号来跳动。事实上，心脏向大脑发送的信号比大脑发送给它的多，它对我们思考方式的影响远比你预想的大，尤其是在察觉风险方面。无论何时，心脏的跳动方式都是它向大脑发送的信息，告知大脑我们是否处于危险之中。

　　美国心脏数理研究所多年来一直在研究心脏跳动的意义

及其对大脑的影响。对此，杜克·齐德瑞（Doc Childre）和德博拉·罗兹曼（Doborah Rozman）在他们的《转变压力：减轻焦虑、倦怠和紧张的心脏数理法》[1]（*Transforming Stress: The HeartMath Solution for Relieving Worry, Fatigue and Tension*）[4]一书中有详尽的描述。他们发现最先感知到危险并做出反应的部位是心脏。心脏向大脑发送信息，进而触发威胁响应，而不是像大家认为的那样颠倒过来。这一点很重要，因为它改变了在控制压力响应时人们的关注焦点。通过观察我们的心率变异性（通常缩写为 HRV），可以了解心脏向大脑发送的是什么样的信息。

我们的 HRV 是心跳周期差异的变化。我们的心脏并不像节拍器那样完全机械不变地跳动。心跳是可变的，这是因为我们需要心肌富有弹性，以便在我们有需要的时候（例如，当我们追赶公交车时）心跳可以跳得很快，在我们有需要的时候（当我们放松时）心跳也可以减慢。我们都希望有一个高的 HRV，因为这表明我们的心脏有加快或减慢跳动的能力，它的弹性足以适应不同的生活环境。我们花几分钟测量 HRV，就能得到一条轨迹图，它向我们显示 HRV 的模式——反过来也反映了我们的心跳是否稳定。这种稳定性对我们大脑的反

———————————

① 书名为译者自译。——译者注

应至关重要。如果我们的 HRV 是稳定的，它就是一个顺滑的轨迹。

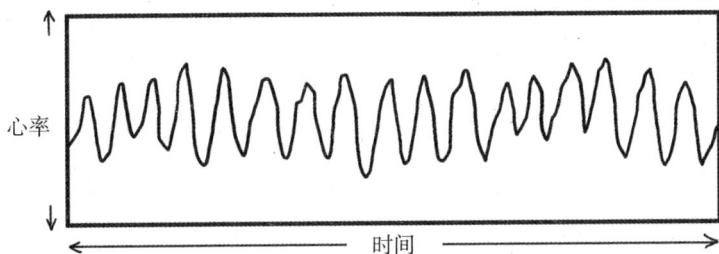

如果它不规则地跳动，轨迹看起来就不同了——我把它比作处于高度戒备状态的"三个火枪手"——"预备！""准备战斗！"

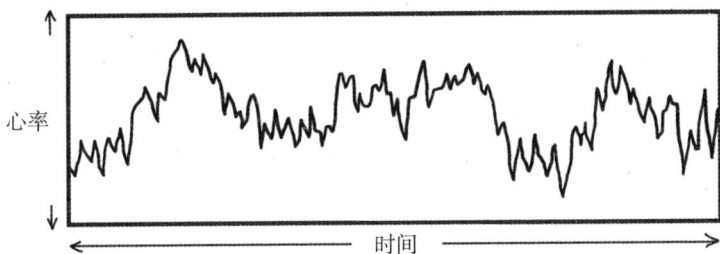

把上面这两条轨迹想象成两辆出租车的行驶速度轨迹：你更愿意选择哪一辆车？一辆是连贯平稳、不徐不疾的乘坐感，一辆是不连贯的、忽走忽停、上下颠簸的乘坐感。如果我们的心跳稳定，那么它向我们大脑发出的信息就是一切都好，没有什么可担心的危险；当我们的心跳不稳定时，相反的情况就会发生——它向大脑发送信息：我们遇到了危险。

当心跳开始不稳定时，它会触发我们大脑中一个叫作杏仁体的部分。杏仁体是位于大脑边缘系统（有时被称为"大猩猩脑"）中间的一小块区域，它的形状像杏仁，位于大脑内海马体上，是我们大脑形成和存储记忆的部分。杏仁体很小，但非常重要，因为它是大脑控制对危险做出应急反应的部分。把杏仁体想象成我们的危机应对中心，一旦被触发，它就会吸收大量的大脑能量，并使得大脑的其他部分变得无足轻重。我认为这就像一个发脾气的、蹒跚学步的孩子，跳上跳下，想要得到别人的注意。杏仁核为我们提供了三种选择：战斗、逃跑或停滞。

在《情商》（*Emotional Intelligence*）[5] 一书中，丹尼尔·戈尔曼（Daniel Goleman）创造了"杏仁体劫持"这个词。这有点像被人劫持，我们有时会出于保护自己的本能，无法控制自己的反应。当杏仁核被触发时，我们和所有其他哺乳动物一样，会产生肾上腺素和皮质醇激素（稍后会更多），并本能地做出反应——要么战斗，要么尽可能快地逃跑，要么尽量保持静止以规避一切可能的危险。如果我们将遭到熊的袭击，或者我们过马路时没有看到正要行驶过来的汽车，这时本能的反应对我们真的很有帮助。我们不想让我们的大脑在那些时刻浪费时间，去思考对我们的生存没有任何意义的事情。

当注意到汽车突然向我们驶来时，我们不会想，"真希望穿了一双更舒适的跑步鞋啊！我是该脱掉鞋子跑，还是穿着鞋跑，大不了脚被磨起泡？！"我们希望全身同时做出反应——"跑！"这样，我们才可以保护自己的安全。然而，如果我们正要就某件重要的事情进行重要会谈时，或者我们即将公开演讲时，又或者有人在会上说了一些打击我们的话时，我们的杏仁体被触发，战斗、逃跑或停滞都成了有益的反义词。在那些时刻，我们希望大脑中一个叫作"额叶前皮质"的区域起作用。

额叶前皮质就在我们的头骨前部的额头下方，有时被称为"人脑"。它是人类与和人类最接近的灵长类动物在大脑结构中不同的部分。它与决策、语言、判断、目标设定、制订计划和解决问题等一切理性思考有关。它履行大脑的执行功能。戴维·罗克（David Rock）在《效率脑科学》（*Your Brain at Work*）[6]中将额前叶皮质描述为"你与世界有意识互动的生物载体……是思考的中心，你并不是以'自动驾驶'的模式在生活。"额前叶皮质掌管着我们的思考能力。

正如前面所说，当杏仁体被触发时，大脑中的所有其他部分，包括我们的额叶前皮质，都将注意力转移到更迫切的安全需求上。当心脏开始不规律地跳动，大脑发出我们遇到危险的信息时，大脑中的能量就会离开额叶前皮质，集中在杏仁体和我们的本能反应周围。

在这种时刻，我们能做些什么来避免应急反应，重获丰盈的存在呢？记住，是不规则的心跳触发了这种反应。最迅速的方法是专注于你的心脏，让它再次规律地跳动，这样做可以让额叶前皮质恢复控制，保持内心平静。我们如何做到这一点？用我们的呼吸。当我们用腹部深呼吸时，肺部将充满大量空气，心脏据此认为如果我们有时间这样做，我们就不会处于危险之中，因此它会再次开始平稳地跳动。实际上，平均深呼吸三到五次后心跳就平稳了。如果你愿意，你也可以转移注意力并把能量传递给心脏，有意识地帮助它知道你没有危险。通过恢复平稳的呼吸，我们的身体重新和大脑建立联结。我们的整个生理系统是相连的、高度协调的。通过调整呼吸使心脏平静下来，改变心脏的跳动方式以及它向大脑发送的信息，从而改变大脑认为我们遭遇了危险的想法。

### 实践练习 10：平稳的呼吸

现在总结一下平稳呼吸的技巧。这个技巧就是"此刻睁大眼睛"，这样你就可以在任何时候确认自己是否出现了"杏仁体劫持"的情况。

● 专注于你的心脏区域——把注意力集中在平稳的心跳上。把注意力转移到风险之外的事情上是一种使杏仁体反应减弱的好方法。

● 深深地吸气，数到五，然后呼气，数到五。通过腹式呼吸法，让你的肺部充满空气。吸气和呼气时长相等，将激活一种积极的平静状态。如果你感到恐慌，那么延长呼吸时间，这将激活你身体的休息和消化反应。

● 重复这个呼吸模式，做五次呼吸，或者做更多次。你不需要告诉任何人你此刻正在做呼吸练习，但这会改变你在当下的反应方式。通过让心脏恢复平稳状态，你将重新准备好去做你需要做的事。

● 这是一个非常有用的方法，可以随时用。每天练习，你就可以在有需要的时候信手拈来。

正如在技巧 2 和技巧 3 中所说的，该方法的诀窍在于自我意识——觉察，觉察，再觉察。觉察到出现"杏仁体劫持"情况至关重要。那么，如何觉察？这些蛛丝马迹竟然是来自你身体的其他迹象！你可能口干、发热、出汗（尤其是手和脖子）；你可能会感觉你的心脏在怦怦跳动、颤抖，或者感觉腹部紧张，或者因为愤怒而一时说不出话来，或者只是想哭、想跑、想躲。首先注意你的反应是情绪上的还是生理上的。然后呼吸，深深地呼吸，有规律地平稳地呼吸。此刻睁大眼睛，让你的心脏暂时休息。这件事的美妙之处在于，只要你需要进行调整恢复，你就可以在任何时刻这样做。你不需要离开房间去沉思 20 分钟，无论是在会议中、聚光灯下，还是在艰难的谈话中，你都可以待在原地，用呼吸的方式重获丰盈的存在。我的一位来访者缇娜（Hina）描述了她使用这种技巧来应对一场让她感到畏惧的谈话。

这太神奇了！我当时很恐慌，无法说出话来。我记起首先要稳定呼吸，几分钟后我又能保持专注了。我感到内心平静、头脑清醒，好像一切都在那一刻恢复了正常。

当我和人们一起研究 HRV 并教授他们平稳呼吸技巧时，最令他们惊讶的是，HRV 变化如此之快，可以在几秒钟内从平稳到不平稳再回到平稳状态。我们的生理机能是一个高度可调节的平衡系统——能对接收到的任何信号做出反应，不断调整。当我们想到丰盈的存在时，我们需要记住，它也是高度动态的。我们不会永远只处于一种丰盈状态，我们时刻在调整和改变。丰盈之法就是承认这一事实，并觉察出需要不断地重新平衡的时刻。

## 运用丰盈的存在来调节你的神经

对我们所有人来说，都有需要出色表现的时刻。这些时

刻（无论是高强度的工作还是真正关键的个人时刻）常常让
我们感到紧张和兴奋。这是正常的，它实际上给予你完成眼
前任务所需的能量。通过呼吸使心脏平稳的方法可以帮助你
更好地利用神经和能量，而不是被它们所影响。寻找心流状
态与"杏仁体劫持"的区别就在于此。

　　回想过去的演出，多年的戏剧巡回表演使我懂得如何
进入丰盈状态。每次演出前，整个剧团所有演员都会提前两
个小时在舞台上集合，一起做热身运动。当然，我们会做一
些准备活动，吊吊嗓子，做呼吸练习，这与我在前面概述的
平稳呼吸非常相似。不管你的心跳是否比正常速度快——心
跳快也是适合高效能的，重要的是它是平稳的（记住稳定的
心跳轨迹图）。均匀的深呼吸使我们进入一种活跃的平静状
态——保持警惕，并随时准备在当下发挥出最佳水平。当实
现丰盈的存在时，我们便能够控制自己的神经，而不是让它
们来控制我们。语音教练帕齐·罗登伯格（Patsy Rodenburg）
把这种状态形容为"来自你自身的能量，将你与外部世界连
接起来。当你受到威胁时，这对你的生存至关重要。它是人
与人之间亲密关系的核心……只有当你全神贯注的时候，你
才能尽力而为，留下最深刻的印象"。[7]

　　像任何事情都一样，练习得越多，就越能在关键时刻得
心应手地运用它。你计划做的任何事情都需要练习，想要达

到的状态也不例外。学会保持心跳平稳将有助于你培养自己调整丰盈的存在的能力。因此，在面对挑战时，你做出的反应不是出于本能的生存需要，而是源自有意识的觉知状态。对我们而言，能活出丰盈、实现丰足且处于心流状态，是因为我们远离了恐惧、焦虑、压抑和匮乏，而非偶然。我们需要专注于心脏，这是爱和联系的象征。

## 重新连接身体系统，活在当下

到目前为止，我们已经讨论了关注当下的重要性和影响，以及可能阻碍我们前进的一些直接的身体触发因素。我经常纳闷，为什么关注当下（由此实现丰盈的存在）对于人类来说是一件困难的事。哲学家阿兰·瓦茨（Alan Watts）曾说："我们放弃当下的主要方式是离开身体，退缩到头脑中，那是一个不断计算，自我评估，满是思考、预测、焦虑和判断的熔炉。"[8] 当我们不专注于此刻的存在感时，我们会陷入旧有思维中，这会让我们感到焦虑或不知所措。对于精神导师埃克哈特·托利（Eckhart Tolle）来说，正是由于对过去的强制关注（担忧、遗憾、沉思、过度分析事件）或对未来的迫切期望（焦虑、计划、控制），使我们远离了当下。[9]

在当下时刻保持觉察，这是需要练习的，是我们每个人找到丰盈之法的重要组成部分。它要求我们关注自己正在经历的事情，只有这样我们才能学会识别自己在什么时候失去了平衡状态，并学会如何把自己带回到丰盈状态。越来越多的证据表明，冥想和正念对提高我们的大脑和身体功能以及保持平衡的能力大有好处。值得注意的是，研究发现，由于有规律的正念和呼吸练习，大脑结构发生了改变，特别是额叶前皮质区域。你可能记得，这是我们大脑中进行人类思考最密集的部分。这些变化包括注意力集中持续时间的增加、身体意识的增强、情绪调节和自我认知的改变。我们可以通过每天有规律的练习——无论是腹式呼吸、正念、冥想还是瑜伽，实现丰盈的存在。无论你选择哪一种，都有很多很好的可用资源，我建议你选择一种并定期练习，提升自己临场发挥的能力。

这是探索我们生理构成和身体反应的冰山一角。然而，现在我想重点谈谈我们身体运转的两个更重要的方面——神经功能重塑和激素，它们可以真正帮助我们实现丰盈的存在。对这两个方面的了解，彻底改变了我和来访者。下述实践练习在获得和维持丰盈状态方面，以及帮助我们过上更丰盛、更充实的生活方面，发挥了难以置信的作用。

## 神经功能重塑——你可以改变自己的思维方式

神经功能重塑是近年来所有功能性磁共振成像（fMRI）扫描和大脑研究中的一个非常有用且充满希望的发现。神经功能重塑说明我们的大脑一直在变化和成长，因此我们可以改变自己的思维方式。我们的大脑中布满了神经元，当我们思考时，这些神经元相互连接，形成所谓的神经通路。1949年，一位早期的神经科学家唐纳德·赫布（Donald Hebb）提出了现在被称为赫布定律的观点："同时被刺激的神经元会连接在一起"[10]。我们对某件事思考越多，大脑中那条神经通路就越坚固。想象一下，你在一个下雪的日子醒来，走过一片未被踩踏的洁白雪地，形成一条小径。一整天，人们来来回回反复踩踏，到了夜晚，这条小径就清晰可见了。神经通路也是这样：我们对某事思考得越多，这条路径就越稳固，回忆起来就越容易。这是我们学习、记忆和成长的方式，这也意味着如果我们愿意，我们可以改变大脑的连接方式——只需要重新思考，建立一条新的神经通路。

伦敦大学学院科学家埃莉诺·马奎尔（Eleanor Maguire）教授发现了神经功能重塑的证据。他研究了一组伦敦黑色出租车的申请者，对比观察他们参加出租车司机资格考试之前和之后的脑部变化。[11]这个考试出了名的难，需要出租车司机平均耗费三年的时间学习相关知识，并且掌握 18000 条城市路线。他们的功能性磁共振成像扫描显示，那些通过考试的人的海马体变大了，这是大脑中负责工作记忆和空间意识的部分。

神经功能重塑表明，我们都有改变自己思维方式的潜力。我们可以通过创建新的神经通路来改变大脑的结构。积极心理学家多年来一直在讨论这个问题，塞利格曼是众多研究者中的一人。他在《学习乐观》（Learned Optimism）[12] 一书中概述了人们如何创建一个积极的思维模式以取代消极思想。比如说，你对犯错的惯常反应是，"果然，我总是把事情搞砸"。这是一条多年频繁使用而形成的消极神经通路。然而，如果我们能创造一种同样强大的反应模式——一条积极的神经通路，那么就可以这样反驳，"我能从中学到什么？"通过练习，我们可以掌握这种思维模式，并让大脑选择神经通路。旧的通路并没有消失，但新的通路因为使用得多而变得强大、牢固。旧通路越少使用，就越来越不明显，我们的大脑最终会改变形状并创造新的模式。

不仅仅是思维模式让神经功能重塑变得如此重要，神经功能重塑还可以改变我们的感受和反应——我们终究是一个完整的系统。如果你心里发慌，有时这表示紧张，有时这表示兴奋（比如一个五岁的小孩在他的生日会之前感到兴奋），这是对两个完全不同感受的相同生理反应。这一点可以为我们所用。如果你在做一些事情（比如乘飞机）之前感到忐忑不安，那么你的大脑可能会产生恐惧模式，这反过来会触发我们身体上的其他恐惧反应。然而，当你兴奋时也会产生同样的生理反应。因此，你可以通过训练，用对坐飞行的兴奋感来代替对坐飞行的恐惧感。心慌不会改变，但你的大脑标记和解释它们的方式发生了变化，这又会在你的身体里产生不同的激素反应，从而使一切变得不同。让我们接着往下看。

## 了解激素和大脑化学物质

了解激素和大脑化学物质（术语叫"神经递质"）是如何工作的，可以极大地帮助我们实现丰盈的存在。你可能已经听说过其中的一些，如果没有，请让我向你介绍一些担任重要角色的物质：

- 多巴胺是一种奖赏性化学物质——当我们取得成就时就会被释放出来。当它被激活时，我们会积极乐观；当它被压抑时，我们会感觉不太好。我们通过做一些简单的事情来激活多巴胺，比如在待办事项列表上打钩，或者完成一直在做的项目。
- 血清素有时被称为"快乐激素"。当它被释放时，它会让我们感到积极、开朗。通过吃某些食物、进行体育锻炼、好好睡一觉、晒一晒太阳，我们体内的血清素含量就会增加。

● 催产素，当我们感受到爱、联系和信任时，催产素就会被释放出来。这一切都跟人与人之间的联结有关。当你拥抱某人时，你会分泌催产素，它可以让你对周围的人更有同情心、更有关联感和信任感。

当有意识地做一些事情并释放多巴胺、血清素和催产素时，我们可以帮助自己克服一些因恐惧产生的大脑反应，让自己获得成就感、联结感和爱。这是获得丰盈的化学物质基础，它可以用来恢复我们的状态和增强存在感。

◎ 皮质醇和 DHEA

现在，让我们看看与丰盈的体现密切相关的另外两种激素——皮质醇和 DHEA（一种从肾上腺皮质激素中分泌出的雄性激素）。皮质醇是一种类固醇激素，由肾脏上方的肾上腺分泌。我们将注意力转移到身体的肠道区域——记住，头部、心脏和肠道是一体的，这很重要。皮质醇影响我们身体对压力的反应。事实上，它通常被称为"压力激素"，是一种能让我们陷入匮乏和过度之间的负螺旋的激素。

皮质醇被释放时，可以与良性压力联系起来。当我们早上起床时，我们都会释放皮质醇，这有助于我们一天都充满活力。当我们的杏仁体被激活时，它和肾上腺素一起被释放，给予我们战斗、逃离或待在原地所需的能量。再说一遍，如果我们真的处于危险之中，这是恰当的、有用的。根据《神经科学手册》(*Neuroscience for Coaches*)的作者艾米·布兰（Amy Brahn）的观点，皮质醇使我们能量爆发、记忆功能增强，并降低对疼痛和血压升高的敏感程度，这意味着我们可以做一切事情来保证自己的安全。如果我们处于危险之中，那么身体需要分泌大量的皮质醇以满足需要，并随着危险的解除而自动消失。

然而，随着时间的推移，我们中的许多人处于皮质醇水平不断升高的状态，而皮质醇的新陈代谢需要很长时间。在这种情形下，皮质醇与当前的危险无关，而是与长期持久的压力有关，这时它会在我们的体内停留更长时间，而且不会消失。更糟糕的是，由于长时间的停留，它会对我们的身体产生负面影响——损害包括大脑连接器在内的部分。高水平的皮质醇会使我们难以入睡（它是一种兴奋剂），而疲劳又意味着我们的身体会产生更多的皮质酮（使我们保持警惕）。它也会影响我们的情绪、食欲。更严重的是，在许多医学研究中，它与长期危及生命的疾病有关，颇让人忧虑。

根据这些信息，要实现丰盈的存在，我们需要探究哪些化学物质有助于降低过高的皮质醇水平。心脏数学研究所教授说，皮质醇与肾上腺中产生的另一种激素（通常称为脱氢表雄酮 DHEA），其工作机制类似于跷跷板：如果我们的皮质醇水平较高，我们的 DHEA 水平就会较低，反之亦然。DHEA 是为数不多的代谢皮质醇的物质之一，因此，它可以帮助我们清除系统中多余的皮质醇。好消息是，当我们积极乐观时，身体就会分泌 DHEA。积极地培养奖赏性反应，实现丰盈的存在，从而心情愉悦，这样就可以促进 DHEA 的分泌。

### 🌿 实践练习 11：快乐匣子

我们可以通过练习来刺激 DHEA 的产生。为此，我常常邀请我的伙伴一起设立快乐匣子。

● 想三件能让你微微一笑的事（人、地方或记忆），然后把它们写下来。不一定是盛大的活动，它们可以是普通的小事。如肯特·纳尔本（Kent Nerburn）所说，"我们梦想的生活辉煌绚丽，但其实生活就是微不足道的平常"。[13] 你可以记录诸如婚礼日这样的重大事情，也可以记录个人最爱的日常活动，如我和我的小狗威尔夫一起沿着河边跑步。它可以是完成艰巨项目后产生的满足感，也可以是一朵美丽的玫瑰花带来的香味。它是什么并不重要，只要它是真实存在的，能把你带回到美好的记忆时刻即可。所谓美好，就是会让你嘴角不由自主地上扬。

- 一旦你在匣子中装入快乐清单，回忆这些让人感到快乐的事就是一个简单易行的练习，这将帮助你在大脑中创建有用的神经通路。坚持每天做这样的回忆练习。

- 设立快乐匣子的另一种方法就是写感恩日记。在一天结束的时候，记下三件让你感激的事情。这个练习会让你养成一种习惯，这种习惯可以使你每时每刻，至少是每天，注意到生活中值得感恩的事情。随着时间的推移，你的大脑能自动做到这一点。

这种练习大有好处。当你身体里皮质醇过高，倍感压力或疲惫不堪时，很难想象有什么事情能让你感到快乐。当你在岔路口因路怒症大喊大叫时，如果没有进行过相关训练，你不太可能想起通过回忆和爱人一起欣赏过的美丽日落而平复情绪。当你每天练习设立快乐匣子时，你会为这种思维模式创建出一条强大的神经通路。当你需要时，它能很快为你所用。你不断地训练自己回想一些事情，这些事情能帮助你在当下释放激素，从而战胜过度或匮乏的感觉，带你进入爱、丰足和欣赏的状态——丰盈的存在。

◎ 丰盈的存在

如同指南针上的刻度一样，实现丰盈的存在需要灵敏细致、反应敏捷。我们在每一刻的表现都很重要，不仅要践行丰盈，也要接纳丰盈。践行源自内在的和谐统一。在本章中，我们深入研究了神经生物学，从而认识到重要的是让身体保持统一的整体运转。我们重点关注了心脏（HRV）、大脑（杏仁体和神经功能重塑）和腹部（肾上腺中产生的激素）。大脑、心脏和腹部有时被称为"三脑"，这三者都由神经系统连接。当我们实现丰盈的存在时，它们之间联结顺畅、高度协调、相互响应，因此我们能够以心流的状态专心做事。当我们学会相信我们的腹部直觉，明白我们的心脏在平衡感觉中起着至关重要的作用，懂得大脑不是唯一控制我们反应的部分时，我们就能践行丰盈，蓬勃成长。

**重点概述**

- 你的状态——每时每刻的状态，是获得丰盈感的关键。
- 学习如何将你的生理机能与你的思想和信念联系起来，这将有助于你掌控每一刻。
- 了解身体对压力的反应是掌控反应的关键。
- 心脏是身体的风险中心。为了掌控应对压力的反应，你要学习如何使心跳保持平稳。

- 深呼吸是保持心跳平稳的关键，它能帮助你关注当下。
- 积极的情绪会促进激素的分泌，从而对抗压力。因此，经常回忆积极乐观的想法和感受很重要。

找到心流，发挥丰盈的存在的潜能。

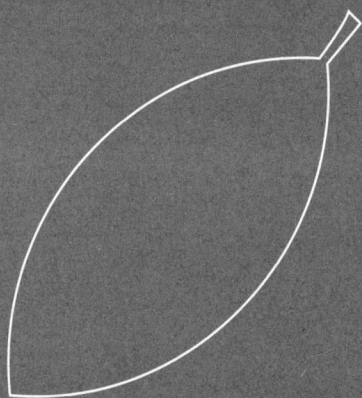

# 第二部分

# 践行丰盈

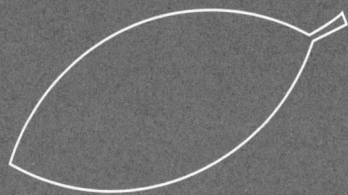

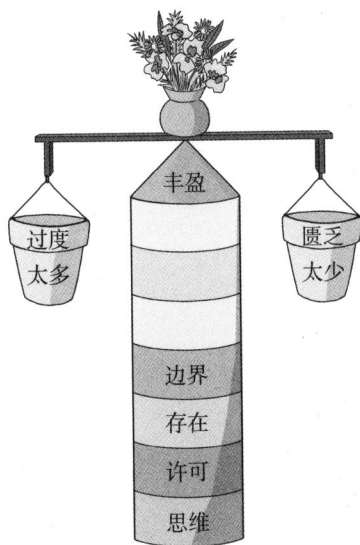

# 技巧 4：丰盈的边界

## ——清晰一致的边界

*假如整日忙忙碌碌，没有时间驻足欣赏，这样的生活又算得了什么？*

*——威廉·亨利·戴维斯（W.H.Davies）[1]*

我们生活的全球化数字世界充满了无限可能、选择和自由，这是我们祖辈从未经历过的，它极其复杂。为了在如此复杂的环境中生活得更好，我们需要做出系统性安排，这样我们才能实现丰盈——既不太多，也不太少。我们需要划定恰当的边界以接纳自己，使自己找到丰盈之法，实现蓬勃发展。技巧 4 特别关注以下几点：

- 承认现状的重要性。
- "全天候"需求：清晰的边界变得模糊。
- 椋鸟齐飞：自然界有秩序的边界。
- 收获丰盈的边界带来的快乐。

## 承认现状的重要性

阿曼尼（Amani）向我讲述了她生活中面对的各种要求，听起来满是紧张和疲惫。她是一名全职英语教师，这是一份要求很高的工作，因此她一直很努力。但她告诉我，这一次有些不同。我们是在新冠疫情首轮长期封控时交流的。新冠疫情的全球大流行使许多在家工作的人压力变大了。阿曼尼在线上教学，她对学生尽心尽责。在学校停课期间，她不得不让那群 7 岁至 9 岁的孩子在家上网课，这给她带来了额外的压力。此外，居住在 200 英里（1 英里 =1609.344 米）之外的母亲身体虚弱，常常生病，阿曼尼不得不远程照顾她——每天电话购物，并联络照顾她的人。作为学校高级管理团队的一员，她还需参加下午晚些时候定期举行的在线会议。孩子们上床睡觉后，她还要处理会议上的一些决策工作。她起床的时间越来越早，首先回复电子邮件，然后安排好孩子们，之后才能开始她的工作。阿曼尼从来没有这么拼命过，她感到疲惫不堪。在我们通话结束时，她哭了，"感觉我被拉向各个方向，每件事情又做得很糟糕。还有好些事情没做，我心里十分内疚。可是，我已经筋疲力尽了，这就是……不可能！"

阿曼尼是对的，她被要求做的事情是不可能全部完成的。有太多事情要做，她根本做不完，这足以让人崩溃！由于连续数周处于这种忙乱的节奏，她筋疲力尽，面临精力耗尽的风险。我请阿曼尼对自己连说几遍"不可能"直到真正领会这句话的含意。大约第五次后，她惊呼起来，仿佛终于第一次在内心深处真正意识到自己在说什么：

"这确实是不可能的！"

是的，她对自己的要求和别人对她的要求的确太多了，多到难以继续执行。

"所以，我到底该怎么办？"

根据"对丰盈的许可"，我请阿曼尼思考，"你在效忠于谁？你此时真正想取悦的是谁？"

承认"这是不可能的"是帮助阿曼尼迈向更好状态的第一步，也是非常重要的一步。她只能做她精力和时间所及之事，不能再超负荷工作了，否则她将以失败告终。虽然时间还会再有且精力可以恢复，但我们需要为它们腾出空间并关注它们，以确保我们可以更好地利用它们。

认同和接受某事这二者之间有很大的区别。我们并不是说要喜欢这样的现状，只是要诚实地面对它。承认事物的本来面目，这一行为本身就蕴含着巨大的力量，也必然是一种具有包容性的行为。跟事实相关的一切被逐一揭开，包含在内。一旦阿曼尼承认完成那些事务超出了她身体所能承受的极限，她就能够看清事实的真相。请记住，她花了一些时间才意识到这一点。只说一次"这不可能！"是不够的，她必须不断重复表达这一观点，让这个真相深深扎根于意识深处。她体会到了丰盈的存在，这是她改变的开始。

当承认自己的处境不佳并从局外人的角度审视全局时，阿曼尼意识到她的确可以重新选择自己的生活方式。她无法改变来自外部的要求，但她可以选择如何回应。归根结底，她可以做出选择，这些选择使她认知明晰、具有能动性，并推动她向前迈进。不光是阿曼尼，事实上，当我们面对不堪忍受的沉重工作以及复杂的任务时，记得我们有选择的自由，无论如何，这都是一个非常重要的开始。

阿曼尼的故事大家并不陌生。改变目标设定和周围环境，几乎是我们每个人在生活的某个时刻都会面临的难题。长久以来，许多人认为，工作要求其随时在线、积极回应、随时受命，新冠疫情更是加剧了这种情况。在封控期间，工作和家庭之间的界限比以往任何时候都更加模糊：由于学校关闭，家长和看护者不得不既照顾家人，又负责孩子的教育，还得兼顾工作。人们既是在家工作，也是工作时忙着生活——各方面的压力让人难以承受。

## "全天候"需求：清晰的边界变得模糊

即使在全球疫情之前，完成分内工作对人们来说也逐渐成为挑战。数字网络全天 24 小时可用，顾名思义，这意味着无边界。那些工作量大、压力大的人很难关掉网络。当肩负着各种责任、兑现各种承诺、处理各种要求时，无论它们来自工作、家庭，还是内心，你都会觉得无法划清界限，让你难以喘息。没有人会告诉你不要在午夜发送推文，或不要在起床之前查看电子邮件，一切都由你而定。

在丰盈法模型中，我们就像处在一个跷跷板上，在过度

（有太多事情要做）和匮乏（我们没有足够的时间和资源）之间来回摇摆。然后，因为觉得自己做得不够（再次感到匮乏），无法停下手头的工作（过度所致），所以反复摇摆。随之而来的是快节奏和紧迫感变得越来越强烈，这通常表明我们在用大脑的左半球工作（这是控制我们逻辑和计划的部分）。当我们处于"大脑状态"（过于关注逻辑和解决问题），而非"心灵状态"（忽略了内在感受和情感）时，时间紧迫感就会加剧。当以这种方式快节奏地工作时，我们可能会与身体脱节。那么，我们怎样才能停下来并实现平衡，在丰盈之处得到放松呢？一旦我们认识到这种情况，并建立自己的边界，就是一个好的开端。

在数字时代，建立边界并非易事，原因之一是我们必须自己设置边界。由人们任职的机构、生活的社会划定界限的日子已经一去不复返。在 20 世纪，以亨利·福特（Henry Ford）开创的生产流水线为代表的工作模式是一种机械化的、系统安排的工作方式。大多数人都有明确的上班、下班时间。无论是在办公室、工厂还是商场，工作时间大致为朝九晚五。工作效率是以时间为单位来衡量的，"时间就是金钱"成了人们的口头禅。随后，加班工作对一些人来说成了荣誉的象征，体现着终极承诺和更高的生产效率。由于大多数人在外工作，衡量他们工作的标准就是时间的投入——花了多少小时做这件事。在 20 世纪 90 年代末，在我做第一份办公室工作时，有人建议我，如果想要做好，就应该早点到办公室，在大多数人离开后才离开。果然，我所在的部门主管就是利用这一点来考察哪些人工作最卖力。

在 21 世纪，我们发现自己身处于一个非常不同的世界。人们的工作形式多种多样。有些人仍然有固定的工作时间，但他们每个人回家后都要上网和收发电子邮件。我们中的许多人在家工作或从事多份工作，并面对多个客户。这对许多人来说，衡量工作的标准不再是投入而是产出，劳动的结果比劳动时间更为重要。这对许多人而言是一种解放：弹性工作制成为可能，人们能够兼顾工作与其他责任。

然而，工作形式的可选性和弹性工作制的出现，带来的代价就是我们缺乏确定性和涵容①能力——清晰的界限感被消除，尤其是在工作边界方面。在我们这个 VUCA 世界②里，那些清晰的界线已经不复存在。创造清晰边界的责任已经从旁人转移到了我们自己身上，我们需要给自己构建一个体系。

---

① 涵容：这是英国精神分析学家威尔弗雷德·比昂（Wilfred Bion）提出的一个术语，指外部客体（如母亲或治疗师）将另一个人（如婴儿或患者）投射的无法忍受的心理状态转变为可以忍受和有意义的内容。——译者注

② VUCA 世界：这是用来描述 21 世纪生活的一个缩写，意思是我们处于的世界具有脆弱性（volatility）、不确定性（uncertainty）、复杂性（complexity）和模糊性（ambiguity）。

如果我们没有创建自己的边界，我们就没有任何边界。没有任何边界的生活会让我们产生不被容纳的感觉，并且内心难以承受。

为了过上丰盈的生活，我们需要找到一种不同的方式来思考生活的边界，以及我们与工作的关系。我们需要摆脱过时的机械化生产线，摆脱"时间就是金钱"的生活、工作方式，朝着有助于我们在复杂世界中蓬勃成长的方向努力。正如彼得·圣吉（Peter Senge）所写，"现实是由圆组成的，但我们看到的是直线。"[2] 我们应该在纷繁复杂的系统中，构建一个适合我们健康发展的边界模型。自然环境本身有许多自我建构的、复杂的适应性系统，要寻找边界模型，哪里比自然界更好呢？大自然的复杂系统是如何保持包容性和一致性的呢？

## 椋鸟齐飞：自然界有秩序的边界

你是否有幸听到过椋鸟齐飞的声音？这个美妙的名词源于数千只椋鸟同时飞翔时翅膀发出的沙沙声。我最近一次欣赏到这个奇景是在傍晚时分，那时我刚刚抵达英国南部海岸的布莱顿市。长途驾驶加上计划第二天早上与客户会面，让我感到筋疲力尽。当时我正处于一个"忙碌的补丁"时期——我遵循着一种过度投入、过度工作的陈旧模式。所有这些都是我自愿承担的，虽然这是出于对工作的热爱，但还是过度了。当沿着海滨从停车场走向酒店时，我注意到了鸟群并被它们所吸引。我走到海滩上，在接下来的一个小时里，我惊叹于当太阳落山的时候，数千只鸟儿和谐地飞过大海的场景是多么美丽，多么壮观。我明白，用这样的画面来比喻在复杂的工作、生活中寻找边界有些可笑。毕竟，当时站在那里的我因超负荷工作而筋疲力尽，却又为这一壮观景象感到兴奋。尽管如此，这是一个很好的提醒，也是那天晚上我心灵的慰藉。

如果你有机会去看一场椋鸟齐飞，一定不要错过！冬天，它们在黎明和黄昏时分飞行，通常在相同的地方盘旋多次。如果不能亲眼所见，互联网上有大量的视频：请现在就观看一个视频。当观看时，你可能也会惊叹，这么多鸟怎么可能如此和谐地飞行。它们究竟是如何做到编队飞行的？这些队形看上去如同精心编排的舞蹈，真是太不可思议了！事实上，这是一个复杂的自我适应系统的最佳例子。之所以会出现椋鸟齐飞，是因为所有的单个鸟儿都遵循了三个简单的行为定义原则：

- 与周围的鸟儿保持相同的速度飞行。
- 与周围的鸟儿同向飞行。

● 避免与其他鸟儿碰撞。

早期的复杂性理论家克雷格·雷诺兹（Craig Reynolds）据此建模，在计算机程序上模拟鸟类群集行为（被戏称为"BOIDS"①），并发现这确实是创建椋鸟齐飞所需的全部条件：快速飞行，紧随同伴，避免碰撞。

从这些复杂的适应性系统中得到的经验就是，当一个系统有三个明确清晰的原则或规则时，它就能够快速、灵活和连贯地运转起来。这些规则使系统拥有惊人的潜力。玛格丽特·惠特利（Margaret Wheatley）曾说："相互对立的两种力量——自由和秩序，最终成了建立健康有序系统的好搭档，这或许是最具启发性的悖论。"³ 合理的边界能让系统得以蓬勃发展。

把椋鸟齐飞作为我们生活的榜样，思考制定什么样的规则对我们的生活和工作有益，使我们能够积极反应，拥有适应性并保持连贯性。确实存在这样的规则，让我们把它称为"丰盈的边界"吧，它赋予我们容纳力和认知力，使我们能够实现非凡的成就。假如从你必定坚持、绝不改变的事情出发，你会设立哪三个明确的边界以使自己过上想要的生活？虽然

---

① BOIDS 由 "bird-oid objects" 这几个词组成，是克雷格·雷诺兹于 1986 年开发的一个人工生命的程序，用于模拟鸟类的集群结构。——译者注

这里的讨论重点是作为个人的你（当然，团队和组织也要考虑合理的边界），但这也同样适用于更广阔的背景。

本章的其余部分将介绍更多的观点、技巧和研究，这些将帮助你创建属于自己的丰盈的边界，以便你能够在纷繁复杂的世界中蓬勃发展，而不是被其击垮。如同你把内部空间（生理机能）看作一个系统，当你把你的外部世界也看作一个系统时，丰盈的边界就能带给你所需要的一致感和心流，从而使你发挥潜力。

多年来，在创建丰盈的边界的过程中，我发现，以如下三个方面为起点有助于确定自己的边界：

1. 确定最重要的事情。

2. 了解自己的精力模式。

3. 规划时间，避免干扰和敢于说"不"。

我们将探索上述内容，在每段介绍的末尾都会有练习带你思考你的丰盈的边界。

### 确定最重要的事情

分辨、创建和维持边界的关键是选择。当我们选择自己想要的生活时，我们就可以创立边界，有明晰的认知并实现这些选择。花时间思考一下，为了充实你的生活，你真正想要的是什么？这有助于激发你的能动性。在技巧 2 "对丰盈的许可"中，我们讨论了了解核心目标和价值观的重要性。现在它们再次派上用场。全身心地处于当下，回想你的目标和价值观，可以让你知道你想对什么说"是"。正如我们已经探讨过的，你的价值观是深深烙刻在你内心深处的一部分。

暂时放下眼前要做的事情，给自己几分钟的时间，弄清楚对你来说最重要的事情。不堪重负、疲于应付的问题就在于它会扭曲我们的观点，让我们觉得无法掌控奔忙之事。在这种状态下，你会很容易认为自己的核心目标遥不可及，因此不如整理一下你的任务清单。通常，我们不做选择的原因并不是做选择本身太难，而是因为我们忘记了我们可以做出选择。

然而，事实是，我们所拥有的就是当下。你今天所做的要么与你的核心目标和价值观相关，要么无关。它们不是孤立的，而是相互关联的。当我们花一点时间调整自己，明白什么是最重要的事情时，我们就找回了能动性。这对我们有意识地进入丰盈的存在状态是大有好处的。当我们感到崩溃、不知所措时，我们被头脑①所支配；当我们想起我们的目标和价值观时，我们开启了心脑；当我们停留在当下时，我们就

---

① 根据三脑学说，人至少有三个大脑：头脑（创造力）、心脑（共情）和腹脑（勇气）。——译者注

可以聆听我们腹脑的声音。根据核心目标，我们不难发现对我们最重要的事情。再进一步，让自己思考片刻：是什么让你的心灵歌唱？用盖伊·汉德瑞克（Gay Hendricks）的话说，你的"天才地带"是什么？在哪个领域，你可以充分发挥你的潜力，做你最擅长之事，心无杂念，实现你最崇高的理想？问问自己："我是在花时间做我擅长之事、精通之事吗？"这是一种非常有用的引发思考的方式。生活中的忙忙碌碌很容易让我们背离我们真正想要实现的目标，所以，想一想自己的目标，它能让人眼明心亮。

这不必与你的日常生活分开，根本不必。你可以决定每天或每周最重要的任务。确定每日工作重点的最好方法就是从产出和影响的角度考虑，而非投入。克里斯·贝利（Chris Bailey）花了一年时间研究在日不暇给的情况下提高效能的技巧和方法。他把自己作为实验对象，研究了各种方法，并出版《最有生产力的一年》（*The Productivity Project*）[4] 一书，书中提出的一些建议非常实用。他发现最有用的技巧其实是一种最简单的技巧，他将这个技巧称为"三任务法则"。

每天伊始，让思想快进到一天的结束时刻并问问自己：当一天结束时，我想完成哪三项任务？把这三项任务写下来。每周开始时也是如此。

当然，确定每天、每周、每月，甚至每年要做的三项重要任务需要耗费一些时间。假如这一切显而易见，你就无须为此耗神，但这似乎不太可能。当你开始一天或一周的工作时，确定三项重要任务其实是一个好习惯，尽管这可能需要耗费时间，但带来的收获是值得的。在《效率脑科学》（*Your Brain at Work*）中，戴维·罗克（David Rock）向我们解释了为什么在一天或一周开始时将要做的事项优先排序是件好事："优先排序是大脑中最耗能的一个过程。"他接着指出，"它涉及理解新的想法、立刻做出决定、瞬时记忆和接纳。从一天或一周要完成的诸多任务中选择出最优先的事可能会花费你半个小时，但这是一种让你感到解脱的方法，因为你的认知变得明晰。"罗克建议，在最清醒的时候把一天中所有事情的轻重缓急安排清楚。考虑到要整合所有的需求，为了确保脑子里不只有完成任务这件事，适当给自己一些提醒很重要，例如，"本周哪些事情有助于我的学习和成长？"或者，"本周我将做些什么来实现我的价值？"

每天或每周都要在脑海中整理清楚什么是最重要的、最具影响力的，这是因为每天有太多事情让人分心。我们的生活中充满了多重要求，几乎在我们清醒时的每刻，这些要求都拉扯并争抢着我们的关注，让我们难以摆脱。我们可能从早到晚忙个不停，但毫无成就感，从而感到失控。我接触过的许多来访者记事本上排满了会议，这些会议让人们忽视了"三任务法则"。我给他们提出的提议就是，如果他们忙得不能做最重要的事情，就要好好反思下了。确定了最重要的工作，你才有可能对记事本上的安排做出选择，比如取消出席会议、重新安排时间，这样你就有时间专注于最重要的工作。

🌸 实践练习 12：丰盈的边界之———确认最重要的事情

反思如下问题：

- 对你而言，什么最重要？

- 你如何确定每年、每月、每周、每日最重要的事情？

- 对你的身体、思维和内心来说，什么最重要？

现在试着把你的发现归纳为一个简洁的丰盈的边界。如同椋鸟跟随成千上万的同伴飞行时所做的那样，在关键时刻你也要牢记这个界限，让它成为你的第一准则。把它写在《丰盈的边界》标题之下，例如，我的边界是：与他人分享我的学习经验。

### 了解自己的精力模式

明白什么才是最重要的是一回事，调整状态应对是另一回事。我们不是机器，因此我们的感觉、精力，以及不受杂念影响的能力至关重要。你对自己的精力模式了解多少呢？换句话说，你通常一天中什么时候注意力最集中？什么时候最困？当然，这并不是一成不变的，但当说到精力时，你会惊讶地发现我们的身体是如此的一致。这是一种自然的节律，并且因人而异。例如，你可能意识到自己是"早起的鸟"或是"夜猫子"。即便我们的日间活动模式根深蒂固，但对此进行具体分析也是非常有用的。一天中你的精力旺盛和衰退的规律是怎样的呢？

### 实践练习 13：了解自己的精力

试着记录自己一周的精力水平。如果想了解真实的精力模式，你可以尝试一周断绝咖啡因和酒精等兴奋剂。

- 设定闹钟，每小时提醒自己简单地记录下那一刻的精力水平，满分为 10 分。
- 在周末，注意自己呈现出来的精力模式。写下你每天精力最充沛的时间（有时被称为"生理黄金时间"）以及精力衰退的时间。

在这之前，我已经知道我是一个习惯早起的人，但上述方法使我的认识变得更加深刻——我的"生理黄金时间"多数时候是从早上 6 点到上午 10 点。此外，我发现那时的我最有创意、头脑最清晰。在收集了数据之后，我才知道，我在下午 4 点到晚上 7 点之间还有另一次精力高峰。正如我所料，午饭后的一个小时，大约在下午 1 点到 2 点之间，我的精力不足。在其他时段中，我的精力处于中间值。这是非常有用的数据，因为这意味着我们可以预测自己什么时候处于最佳状态，从而完成卡尔·纽波特（Cal Newport）所说的"深度工作"[5]——这是需要全神贯注、心无旁骛的高强度工作。对我来说，这可能是写作、做辅导或设计课程。

有了这些数据，我们可以开始思考如何找准时机进入心流状态，全神贯注于我们最重要的任务，从而找到生活的意义。心理学家米哈里·契克森米哈赖第一个提出"心流"概念。他认为要进入心流，需要具备三个条件。第一，拥有一段不被打扰的时间，因此需要关闭所有消息通道。第二，你专注的事情既具有挑战性，又能吸引你：不要太难，令人惧怕（这会导致压力增加）；也不要过于简单、容易（这会让我们感到无聊和分心）。第三，你需要处于丰盈状态——内外一致、关注当下。

了解自己的精力水平也有助于你制订计划，从而完成纽波特所称的"浮浅工作"——那些重要且需要做的，但强度较小的事情，例如查看电子邮件。与那些我指导和合作过的许多人一样，不再把查看电子邮件当作早上首先要完成的任务，这对我来说很有意义，因为这样做耗尽了我所有最具创造性的适合"深度工作"的精力。现在，我通常会大致翻看一下邮箱，选择其中需要重点关注的邮件回复，其余的则留到处于中度精力状态时再来处理。

还有一件事情与之同样重要：思考你需要做什么来让你的身体和思维"休息和消化"。我们不能总是高强度地工作，我们需要喘息的时间。所以，知道需要做些什么来给自己重新"充电"也很重要。对我来说，如果那个时段就是我精力最差的时候，那么当条件许可时，我会有效利用那段时间做一些恢复体力的事情，如彻底休息、冥想或散步。

如同前面所讲，这是非常个性化的安排。我的丰盈之法不一定适合你。那些在机构工作的人不像其他人，能够自由支配时间。但是，寻找机会，哪怕是很小的机会，运用上述方法也是值得的。你越是能够安排好自己的时间，把最重要的事情与你的精力水平相匹配，你就越有可能体验到平衡、放松和心流。

### 🌸 实践练习 14：丰盈的边界之二——精力模式

思考如下问题：

● 你的精力模式是怎样的?

● 哪些工作需要你处于心流状态?

● 你将如何安排自己的工作，使之与你的精力模式相符?

把回答归纳为一个简洁的丰盈的边界，并把它写在小标题之下。例如，与我而言，那就是：清早时分，处于心流状态。

## 规划时间，避免干扰和敢于说"不"

对于许多人来说，我们的第三条"丰盈的边界"最具挑战性，但我相信它一定会让你感到如释重负。到目前为止，你会看到，你越多地决定自己每天的生活方式，就越有可能保持丰盈的状态，从而拥有足够的精力来处理你认为重要的任务——无论任务强度如何。在《七堂思维成长课》(*How to Have a Good Day*)⁶中，卡罗琳·韦布(Caroline Webb)描述了她的心理咨询者克里斯汀(Kristen)意识到应该由她自己去建立边界。克里斯汀说：

当意识到因为缺乏边界，我时常生闷气时，我突然顿悟到，是我自己让事情失控，却一直试图找人背锅。如果我自己没有边界，谁还会帮我设立边界呢？

掌控和决定如何规划时间是非常有意义的。如果你是一个喜欢做周密计划的人，那么纽波特的建议会让你感兴趣：计划好每一天的每一分钟。这对我来说有点过了，我更愿意简单地规划时间，使投入的精力与产出相匹配。我在记事本中划分出精力旺盛的时间以便完成需要集中精力完成的任务。与之同样重要的是清楚自己什么时候去做不太紧要的事情，以及何时休息、如何休息。

用这种方式规划时间也促使我们思考与选择是否允许被打扰。我们生活在一个即时的世界里——无论是来自电子设备的通知还是获取世界新闻，我们都很难做到抵制诱惑、不理会消息，所以有必要防止注意力分散。作家伊丽莎白·吉尔伯特（Elizabeth Gilbert）建议我们要成为自己的"精力保管员"[7]。她主张通过管理感官所接触到的东西来管理思想。吉尔伯特不仅建议当你专注于最重要的工作时，关闭你的信息通知媒介（这当然是至关重要的）。她还谈到了在一天中滑屏、观看或收听的内容和数量。把自己想象成精力管理员能让我们获得自由，因为这将再次提醒我们，我们可以选择。翻看社交媒体或查看 24 小时新闻可能会让人上瘾，并发展为一种习惯，所以有意识地安排相应的时间是一种更有效的方式。

无论我们是独自一人还是与他人会面，情况都是一样的，这使我们想到了多重任务。多年来，我一直认为这是一项技能——女性尤其擅长这项技能，因为历史表明她们往往必须同时应付好几件事。但可悲的是，我逐渐认识到多重任务只是一个提高生产效率的神话：我们根本无法同时做好两件事。

当我们认为自己在同时完成多个任务时，其实我们做得并不好。更糟的是，这还耗费了更长的时间。正如南希·克莱恩（Nancy Kline）所说，"你不能在集中注意力的同时完成多项任务"。[8] 微软主管琳达·斯通（Linda Stone）在1998年创造了"持续性部分关注"[9]（continuous partial attention）一词，用于描述人们的注意力被干扰的状态。斯通表示，当被数字设备包围时，我们就会一直处于预料到自己会被打断的状态，这意味着我们在任何时候都可能只投入了45%的注意力。她是这样说的："持续性部分关注就是把大部分注意力集中在一个最重要的任务上，但同时还在关注其他的任务，以防突然冒出来一件更重要的事情。"这会产生什么影响？那就是极度的精神疲惫，准确性和生产效率显著降低。因此，创立边界、规划出允许干扰的时间将影响到你能否实现自己的目标。

尽管如此，我们中的大多数人仍然发现，在日常生活中的某个时刻自己的注意力会被分散，尤其是智能手机，它很容易诱惑我们。我接待几位高层来访者时，由于他们会收到大量的电子邮件并拥有满满的日程安排，在会面期间他们经常查看手机。在会谈中，即使是最重要的会谈，不回复电子邮件也会让他们觉得代价太大。对此，我的质疑非常简单：如果你分神去阅读或回复电子邮件，而非全神贯注地倾听，那意味着你不太可能记住别人所说的话。为了把信息储存在我们的工作记忆中，专注必不可少。如果你在会谈期间没有集中注意力倾听，就会引发一个问题：你在这里有什么意义？你发出的信号是，房间外面的人比里面的人更重要。这听起来可能有些刺耳，但多年的科学研究证实，所谓的"双重任务干扰"会降低认知能力，也就是说，同时完成两项任务的结果是准确率降低、效率下降。一个简单的事实是：与其试图同时进行两项工作，不如集中精力、缩短会议时间，并且安排时间在事后处理电子邮件。同样，这是一个可以通过合理的、清晰的日程安排来解决的问题。这是一种选择。

一旦根据注意力的集中程度规划时间，你就要考虑一下怎样保证自己不会分神。这个时候需要利用内心的勇气，如同对待其他重要事务一样，坚定地按照日程安排行事。对自己严厉一点，这将是你的潜力发挥到极致的时候。为了注意力不被分散，我们要能够有所不为，并勇敢地拒绝。

多年来，在与忙忙碌碌的人们的相处中，我注意到，几乎对于每个人来说，要保持清晰的边界，最困难的就是决定哪些事情不做以及如何说"不"。有所不为是完全合理的，这样我们才能专注于最重要的事情。然而，相当多的人（包括我自己）表现得好像我们可以无所不能，似乎不用舍弃什么，我们依然能够专心致志。选择就是权衡得与失，我们在心底里都知道我们确实需要有所不为。如果不这样做，我们就有可能降低所有事情的标准，因为我们根本没有精力去完成所有的事情。

### 🌿 实践练习 15："不为"清单

财经作家吉姆·柯林斯（Jim Collins）在他的书《从优秀到卓越》（*Good to Great*）[10] 中建议创建一份"不为"清单。

- 在计划待办事项列表的同时，写一份"不为"清单。
- 如果你处于领导岗位，那么和你的团队一起做事。
- 这个练习让我们认可"不为"，明确清晰的边界，从而以身作则，并多次重复，确保其他人都能看见。

对于那些我接触过的个人和团队而言，辨别什么样的事情可以不为非常困难。他们感到最困难的往往不是放下某些特定的任务，而是放弃做那些事先安排好的、看似铁板钉钉的事情，比如，完成某些流程或参加常规会议。这是完全错误的，但又是人们常有的误解。在这种情况下，人们应该根据重要任务来制定时间规划表，而非颠倒顺序。这样，他们就可以为自己，为周围的人腾出时间去关注最重要的事情，这对工作、生活的持续发展和所属机构的成功十分重要。

让我们谈谈关于坚持时间计划表的另一种技能：对所求之事说"不"。作为一个"牺牲型"的付出者，我知道这有多难；但也是作为一个"牺牲型"的付出者，多年来，我也意识到这是多么重要！正如我早期的一位心理教练曾经告诉我的那样，"为了更大的'是'，要敢于说'不'""如果你从不说'不'，那就降低了'是'的价值。"尽管知道这很重要，但在拒绝的那一刻心里依然会感到不适和惭愧。我们再回到与得失相关的"丰盈"这一核心概念。这种情况下，我们要学习忍受拒绝他人带来的不适感，以便为更重要的、需要优先解决的事情赢得时间。布琳·布朗（Brene Brown）在《敢于领导》①（*Dare to Lead*）[11]中建议，在道出真相让人感到为难时，我们要选择勇气而非舒适。具体来说，根据她的研究，她发现当我们不得不直言不讳、否定他人、拒绝他人时，我们通常会感到不适，这种不适感一般会持续八秒的时间。想一想，你有八秒的不适感。开诚布公之后在心里倒数八秒，说"不"带来的轻松感就会涌上心头。

有很多有用的建议指导我们如何礼貌地说"不"。我发现其中一个特别有用的建议来自"哈佛谈判计划"（有时也被称为"积极的不"），它涉及神经科学和杏仁体反应的相关知识。[12]如果我们听到对方对我们的请求直截了当地说"不"，我们任何一个人都很可能将其视为威胁并做出相应的反应。"积极的不"承认我们需要心理安全，其内容概述如下：

---

① 书名为译者自译。——译者注

- 首先，表示出热情，并对对方的请求表达感谢。

- 真诚地说明你的优先任务是什么，解释你无法完成所托之事。正常情况下，对方是能够理解你，并与你产生共鸣的。

- 对于你不能答应的事情，用遗憾的语气说"不"。

- 再次热情地向对方提出你可以做的一些事情，但前提是不影响你完成自己的优先任务。例如，如果你被邀请在某个活动上发言，你可以主动推荐你认为合适的人。

- 对你所拒绝的人表示美好的祝愿。

整个过程要富有同理心——言语表达要真诚并站在对方的角度，同时明确自己的边界。以上过程将有助于你在拒绝他人时更有人情味，并且对方也更易接受。

### 🌸 实践练习 16：记"不"日志

如果你发现说"不"特别困难，或者你是一个习惯性的"牺牲型"付出者，那么记"不"日志一定对你非常有用。尝试做如下记录：

- 你都拒绝过什么事？

- 你是怎么做到的？

- 拒绝时是怎样的感受？十分钟之后呢？

● 说"不"对你的时间规划有何影响？你能否集中精力
  完成自己的重要任务？

● 在因拒绝而赢得自由支配的那段时间里，你做了什么？

在此，我们的第三条"丰盈的边界"就是在保证你说
"不"的权利。学会拒绝某些事情，不仅对我们个人，甚至对
团队和机构，都体现了深深的自爱和自尊。当我们反思并做
出正确的选择时，这一点将变得更加清晰。

### 实践练习 17：丰盈的边界之三——保留时间，集中精力

反思如下问题：

● 你选择何时查看通知或关闭信息通知？

● 为了集中精力完成最重要的任务，你应该停止做哪
  些事？

● 如何使你的工作计划不被干扰？

请再一次精简地回答上述问题，创建第三个简单易行的
丰盈的边界，并记录在小标题之下。这一个边界与前面讨论
过的另外两个边界，将助你达成自己的目标。

我的第三个丰盈的边界就是：记录每周不被打扰的深度
工作时间。

既然已经确认并记录了你自己的三个丰盈的边界，就把

它们放在你每天都能看到的地方。做到这三点需要时常提醒自己，它们对于你的意义，并将其培养成习惯，使它们成为自然而然发生的行为。有时难以做到也是人之常情，所以跟以往一样，你需要关注自己、不断反思、做出选择和重新调适。

## 收获丰盈的边界带来的快乐

现在我们回到阿曼尼的事例上来。当完成上述过程后，她发现在一些微小的时刻，她可以做出不同的选择，这个选择会给她的每一天带来一些细微的变化。她的三个"丰盈的边界"是：

- 每天晨起、中午时分和睡觉之前，留出固定时间专心和孩子们度过一段高质量的亲子时间；

- 在清晨精力充沛的时候，安排一个不被打扰的行动时段。

- 接受经理的意见，减少参加高管团队会议的次数，直到孩子们返校上课。

这些变化确实缓解了她内心的崩溃感。她重新找到了自己的平衡——丰盈的所在。阿曼尼是这样说的：

"我更有掌控感了。事情不总是那么容易的，我也无法把每件事情都做好，但我感觉自己回到了正轨上，少了一些被工作、生活撕扯的感觉。一次只专注于一件事对我来说真的很不一样。"

这些丰盈的边界是阿曼尼在她生命中的特定时期所特有的。当然，随着环境的变化，我们丰盈的边界也会发生变化，从而与我们的生活保持相关性。关键是我们要花时间思考和选择自己可以控制的事情。这可能有所起伏：对一些人来说，当压力增大时，他们只能做一些小的调整，比如阿曼尼；其他时候，他们可以做出更大的改变。我们有多少选择取决于我们身处的环境和其他人对我们的期望。但进行自我反思、与我们共事的人聊一聊，并在可能的地方设定边界，将对我们产生极大的影响。

正如三个行为定义原则使椋鸟能够发出让人惊叹的低鸣，你的三个丰盈的边界也将使你熠熠生辉。恰当的边界让你有所克制，但也让你有所成就。建立了丰盈的边界，你就会像椋鸟一样，能够明确目标、积极主动、保持内外一致并轻松自如地应对复杂情况。

**重点概述**

● 承认自己的现实处境是做出选择的第一步。

- 边界使人认知清晰、有所克制、积极主动。

- 在我们这个电子时代，你不得不为自己的生活和工作设定边界。

- 明确对你最重要的事，并定期为它们确定优先级。

- 了解你的精力模式，并根据自己不同阶段的精力情况安排不同的任务。

- 给最重要的事留出时间。

- 既要能承担任务，又要敢于放下任务。

- 让自己学会礼貌地说"不"。

获得清晰的认知，发挥丰盈的边界蕴含的潜能。

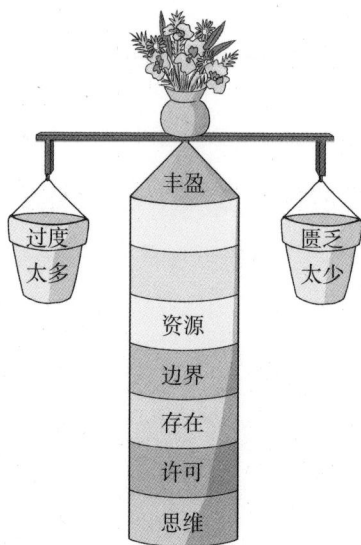

# 技巧 5：丰盈的资源

## ——利用你的能量

完美宁静的生活，只有在静修之中，在挚友那儿，在图书馆中才能觅得。

——阿芙拉·贝恩（Aphra Behn）[1]

在技巧 5 中，我们将探讨践行丰盈所需要的资源，包括内在的资源——精力、能力和内驱力，也包括外在的资源——时间、支持和可以托付的人。当我们崩溃时，常常感到与资源失去联结。本节中我们将把丰盈的资源看作可更新的循环，并探寻你能够培养的习惯，以应对生活的要求。

具体来说，技巧 5 将讨论：

● 丰盈的资源的循环性。

● 了解自己：什么让你心力交瘁？什么使你焕发活力？

● 学习如何避免倦怠，如何培养强大的习惯以实现可持续发展。

## 丰盈的资源的循环性

作为心理教练，通过来访者的言语，我不知不觉地开始相信资源是有限的。"我没有时间""我已经筋疲力尽，一直在勉强支撑""我真的再也没有力气"。有时，又是另一个极端："眼下没什么能让我停下来，我活力满满！"或是"我一直忙个没完！"虽然这些言语表达了人们的感受，但并不能清晰地告诉我们资源是如何起作用的。

我对于人们使用有限的语言，描述可循环再生的事物持谨慎态度。那其实是对资源处理方式的错误理解，会让人产生焦虑情绪。当想到资源会很快耗竭，我们会很自然地让自己处于匮乏的状态，由此陷入恐惧并引起身体反应。实际上，时间、体力或精力都不是以线性的形式有限地存在的，把它们描述为可循环的更准确和有益，这与我们日常生活中熟悉的生命和自然模式相呼应。理想情况下，睡了一夜好觉后，我们早上起床时会感觉神清气爽，一整天都有精力满足需求、完成挑战和开展活动，并且有时间补充资源，最后上床睡觉。正如我们在上一章中所探讨的，我们的身体帮助我们应对一天中周而复始的事情。神经系统和激素支撑我们的白昼模式，使我们积极准备，或放慢步伐以休息和消化。

把自己置身于这样的循环模式中将大有好处。我们不再把资源当作会消亡殆尽的东西，相反地，当某个资源耗尽时，问一问自己，"什么人或什么事耗尽了我的精力？"同样重要的是，还要问一问，"什么人或什么事能让我恢复精力？"我们如同手机电池，需要不断补充能量。一段时间的活动耗尽了我们的精力，因此需要再次插上电源重新"充电"。虽然我们知道这是事实，但是我的一些来访者对此不屑一顾，甚至对"充电"有不适感。本书就是要找到丰盈之法以实现平衡，因此重要的是记得资源是循环的、此消彼长的，这样我们就可以在任何时间，甚至是特定的时节，花时间做一些事情，让自己的精力得到恢复。作为一名心理教练，我经常问咨询者一个问题："目前你在做哪些事给自己'充电'，让自己能量满满？"当不能做到这一点时，我们的恢复能力就会下降，我们会为此付出高昂的代价。

尽管我们的资源模式具有循环性，但是它仍然存在局限性。虽然自然系统是循环的，但当我们过度使用或忽略了补充储备时，它们就会失衡，失去本身的自然节奏。它们开始散开，从圆圈变成一条线，从无限变为有限。在 21 世纪 20 年代，世界环境正呈现出这种状况。人类攫取了太多的资源，使地球资源脱离了循环模式，走向了匮乏的线性路径。正如人们需要重新调整使用世界资源的方式以恢复自然界的模式一样，我们个人也是如此。当经常忽视自己的"充电"需求时，我们就会脱离自然节奏，过度消耗自身，从而到达一个倾覆点。这时，我们的资源呈线性下降，存在消失殆尽的风险。

无论是什么资源，都需要我们尊重其丰盈的资源的循环属性，并且每天都要不断地重新设定。或许你已经掌握了一些常规的、快速的方法使自己恢复能量、保持稳定。然而，即使是我们中那些重视给自己"充电"的人，也会因为每天繁杂的要求而陷入过度或匮乏的境地。处于此种状态时，请一定记得我们能够回到起点，重新调整，请一定记得我们可以有意识地做一些事情，并从中吸取力量应对各种挑战，避免心力交瘁或崩溃无助。我的一位来访者辛西娅（Cynthia）在承受巨大的工作压力期间，每天午餐时间在花园里坐半个小时，让阳光照在脸上，并确保自己不受任何事情打扰。她告诉我：这真的很管用，足以使她"充上电"，让她暂时远离当天的烦心事，不再想它们。当她回到办公桌前时，感到自己精力充沛。

正是这些微小的日常实践，随着时间的推移产生积极的影响。一个小小的转变，例如有意识的调整，都可以让我们实现丰盈。明白了这个道理，就如同利刃在手。我们不需要做出惊心动魄之举、彻底改变生活，只需做出经常性的、微小的行动，就能使自己重新获得平衡，回到丰盈的资源之所。

## 了解自己：什么让你心力交瘁？什么使你焕发活力

### 实践练习 18：丰盈之轮

这个练习可以帮助你将生活与资源联系起来，从而确定需要做出怎样的调整。

- 先写一份清单，列出生活中需要你投入精力所做的所有事情，这可能包含工作、友谊、锻炼、家庭生活、亲近自然、志愿者活动、创造性活动等。选择跟你息息相关的事情，数量不限，目的是找出一切耗费你精力的事情。这其中一定要包括那些你觉得能带给你活力的事情，以及那些消耗你精力但又别无他选之事。

● 画一个轮子，在每个轮辐的末端写下耗费你精力的事情。比如，我的一个来访者是这样写的：

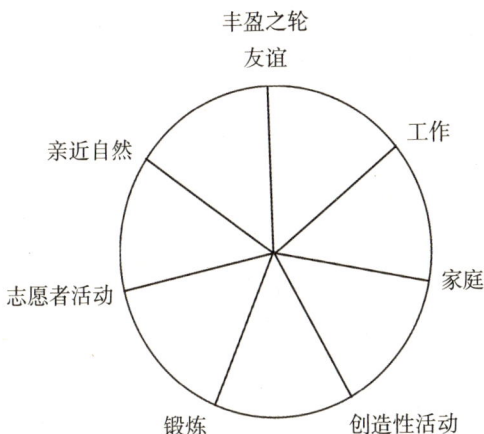

丰盈之轮

友谊

工作

亲近自然

家庭

志愿者活动

锻炼

创造性活动

● 给每一个维度打分（满分10分），看看你在日常生活中投入了多少精力。如果你发现投入的精力不多，就给一个低分，相反则给高分。注意，这里打的分不是基于你想给每个维度投入多少精力，而是基于你当前的实际投入。

● 在轮辐上做一个标记，以表示你的得分（满分为10分）。车轮的中心表示0，外缘为10。

● 现在连接轮辐上的每个点。你可能会得到一个跟我的来访者所画的类似的东西，如下图。

丰盈之轮

友谊

亲近自然

工作

志愿者活动

家庭

锻炼

创造性活动

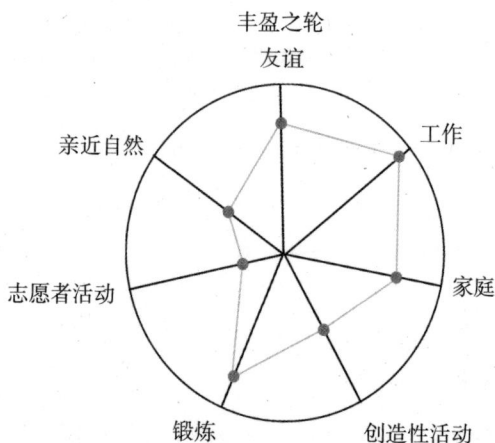

- 看看你投入的精力和你的生活模式。你注意到了什么？其中一些行为可能会为你补充能量，而另一些则会消耗你的精力。反思你是否做了足够多的事情给自己重新"充电"。

- 重新回到各个维度上，并在轮辐上标注出你愿意投入的精力大小。

- 反思一下你可以做出的小小改变，以平衡你在各个维度上投入的精力。哪些事情让你有丰盈感，觉得这就是自己想做的？尽量避免产生做到尽善尽美的冲动。朝着正确的方向迈出的一步将产生巨大的影响。例如，对于我的一位来访者来说，她需要每天下午5点完成工作，然后参加每周两次的运动班，另一件事情就是上钢琴课。

● 写下你准备尝试的一两个小的改变。

这样做极具启发性，因为它可以让你豁然开朗，并帮助你认识到能让你恢复活力但尚未尝试的事情。我们常常把注意力放在我们必须要做的事情上，比如工作或家庭责任，忽视了那些可能不属于这些范畴的事情，但这些事情反倒会让我们充满生机。对于我来说，这些事情包括在一个小乐队里和朋友一起演奏音乐，或是阅读小说，或是跑跑步、做瑜伽，或是与挚友待在一起的闲暇时光。几年前，当我这么做时，我才意识到过去我在日常生活中错过了很多能赋予我能量、给予我快乐的事情。我没有找时间去做那些能滋养我的事情，而是选择相信自己抽不出时间——或者更讽刺的是，我觉得自己太累了，没精力去做那些事情。人们很容易忽略那些能给自己带来快乐或赋予能量的小事，实际上它们对我们至关重要，关系到我们能否找到丰盈的资源——它们虽然不是奢侈品，但能给予我们活力。当我突然意识到自己因为没有时间而放弃了做那些滋养我的事情时，我开始针对自己的生活和优先事项做出微小但重要的改变。

## ◎ 接纳一切，获得完整感

事情并不像看到的那么简单。通过观察我的来访者以及反思自己的工作模式，我开始意识到，这不仅是腾出时间进行一些活动以恢复活力的事情，还要将多样性和包容性融入生活计划中。这些活动完全不同于我们日常承担的义务，它们有助于我们恢复活力。此外，它们的另一个共同点就是能让人全神贯注——当我和我的乐队一起演奏时，我无暇分神，完全处于心流的状态，活在当下，不忧心过往，也不思虑未来。这些不同于日常工作和关于家庭责任的事情，能让人恢复活力，从疲劳的事情中暂时解脱出来。你可以用不同的方式活着，并活在当下。做一些事情让生活更加丰富多样，并以不同的方式给自己带来信心和能量——这是你可以掌控的、风险更小的一种选择。这些事情本身就令人愉快，它们带给你的能量可以延续到你的一生当中，并极大地促成了你丰盈资源的获取。

在我们乐队唱的一首爵士乐《我的全部》（*All of Me*）[2]中，有这样一句歌词："你拿走的那部分曾经是我的心，既然如此，为什么不将我的一切都带走？"我把这首歌看作是恳求完整和包容，它让我想起了大卫·怀特（David Whyte）的发现："你知道消除疲惫的妙方不一定是休息吗？……消除疲惫的妙方是全心全意。"[3] 当探索哪些事情可以恢复你的活力时，有必要接纳一切，这意味着把你不喜欢的部分也考虑进去。这有时被称为"你的阴影面"，因为你很容易忽略那些你觉得困难的部分。尽管如此，它们是你的一部分，因此忽略它们就不是容纳一切。不仅如此，你认为性格中让你心力交瘁的某些方面，从另一个角度来看，实际上可能是一种资源。

你的"我的一切"是怎样的呢？你的资源库里有遗漏什么东西吗？找出一个不同的但不一定是截然相反的东西，你可能从没把这个东西看作是资源，很自然地把它排除在外。为了平衡生活，你有意识地寻找有异于你身上的自然倾向的东西，这有时被称为"整合路径"。这需要付出一些努力。因为在现代生活中，我们经常有意识地逃避自己不喜欢的事情，选择那些简单的任务。例如，我是一个极度外向的人，与其他人在一起时我会精力充沛，因此我更愿意与不同的人待在一起，而不是一个人独处。更重要的是，我有一种害怕孤独的倾向。随着时间的推移，我逐渐意识到，正是因为我努力接纳独处，从中获得的反思时间才给我带来了诸多好处。无论我觉得独处多么困难，它都确实平衡了我的生活，给我提供了一种完整感，这是我之前一直没有注意到的。事实上，我学会了接受自己曾经害怕的东西，有时甚至渴望独处，这是我十年前从未想过的。正如艾伦·沃茨（Alan Watts）所说：

"当你发现黑暗中没有什么值得害怕的东西的时候……心里就只有爱。"爱是终极的资源，是支撑其他一切的资源。

### 🌿 实践练习 19：整合你的"阴影面"

我发现把这些完全不同的观点用空间的形式表现出来，对来访者很有帮助。试试下面这个练习。

- 在纸上写下你认为能赋予你能量的事情。对我而言，这就是"与其他人打交道"。

- 然后，在另一张纸上写下那件事的"阴影面"，即感觉不同但能给你带来平衡的事情。对我来说，就是"一个人独处"。

- 把两张纸放在地板上，相互调换位置，感受它们当下所处的不同位置。

- 想象一下，这些都是你身体的不同部分。其中一部分会对另一部分说什么？例如，"我并不害怕，我也是你的一部分"或者"有时候一直这样真让人筋疲力尽"。

- 放置第三个标记，代表睿智的自己。当睿智的你站在此处，看着两个不同的观点时，想想它们能带给彼此什么。

- 探索如何整合这两个事情。

这个方法可以让你获取深度平衡的资源，这是你以前没有意识到可以利用的资源。因此，这样做会让你进一步感觉到自己拥有丰盈的资源。

## 学习如何避免倦怠，如何培养强大的习惯以实现可持续发展

在一个时代，很少有什么危机会影响每个人，但新冠疫情不同。在这段时间里，我接受了许多个人和领导团队的咨询，从中听到在这段长时间的危机中发生的一些事情。

"压力真是太大了，我觉得我快要崩溃了。"

"我从来没有做过这么多累人的事——我每天从早上7点一直工作到晚上9点，已经好几个星期没有休息过一天了，包括周末。"

"我已经取消了记事簿里的所有假期。通常，我摆脱高强度工作的方式是每六周休一个大周末。现在，我已经连续好几个月没休过一次大周末了。"

"我太累了，我觉得自己像是被钉在地上的帐篷钉——尽管我已经在地上了，但木槌仍在敲打着我。"

"每个人都已经筋疲力尽，现在我们再次面临危机。我不知道我们可以从哪里获得能量。"

大量的事例反映了人们正饱受压力。一方面要应对新冠疫情危机，另一方面许多人要适应在家工作的新体验，再加上前所未有的紧迫感，使人们觉得自己停不下来，这意味着很多人都感觉自己到了职业倦怠的临界点。他们有什么共同点？他们中没有一个人能够抽出时间补充和重新调整自己的资源。他们疲惫不堪，似乎已经耗尽了有限的精力。他们觉得自己就像在一条单行道上，不断地付出、付出、付出，没有时间停下来，更不用说重新"充电"。具有讽刺意味的是，当我们进入这种疲惫状态时，我们还常常拒绝寻求帮助或拒绝接受任何支持。

我之所以在职业倦怠的背景下提及新冠疫情，因为这是一种众所周知的危机，它以不同的方式影响着我们所有人，并将我们推向极限。它确实需要一些人高强度地工作，并为此力尽神危。然而，很多人一直在这种单向压力和强度下工作。在这种状态下，人们通常会有一种激情、紧迫感，甚至在很短的一段时间内感到兴奋，但缺乏选择的感觉，所以它不可能永远持续下去。

为了避免职业倦怠，重要的是记住循环资源的概念，即我们可以做出选择，无论是多小的一个选择，都有益于精力的恢复。本章的剩余部分将详细探讨这个过程，并为你提供了七个关注焦点，从而帮助你重新找到获取丰盈的资源的力量。前三个与摆脱职业倦怠有关：讨论如何更好地了解自己，探索自己的纠结和行为模式。

第四个为你提供了一个支点——在做出选择的关键时刻，帮助你在过度和匮乏之间保持平衡，并践行丰盈。最后三点为你提供了获得丰盈的资源的途径，让你从中获得力量。

这七个关注焦点是：

1. 停下来，调整节奏。

2. 避免过度付出。

3. 了解成瘾模式。

4. 记住：你有选择。

5. 学会：创伤后成长。

6. 建立能让自己获取丰盈的资源的团队。

7. 维持：养成习惯以持续发展。

## 停下来，调整节奏

在危机时刻工作应该是十分刺激、催人奋进的。决策过程通常会变得更快、更集中，从而减少官僚作风。人们可以清楚而迅速地看到他们所起的作用。解决危机的过程常常让人感到精力充沛、紧张和兴奋。团队，即使是那些通常存在分歧的团队，也会在此刻团结在一起，朝着一个共同的目标努力，并最终取得明确的结果。有时，被认为关系失衡的团队在危机期间也能够团结一致，相互配合。对于那些擅长解决问题、追求行动速度和进展的人来说，危机甚至会让他们感到一切的付出都是值得的。解决危机往往需要长时间的英勇奋战，紧迫感使得每个人都朝着同一方向共同努力。

然而，危机不会长期存在。随着紧迫感退去，立即行动和快速反应的需求会逐渐减少。在 21 世纪世界里，危机感虽然被"一切照旧"所取代，但是这种"照旧"更复杂、更不统一，让人感到充满挑战，没完没了。在这种情况下，由于权力的下放，决策需要更长的时间，而且会让人感到目的不明。危机之外的生活更像是在苏格兰著名的福斯桥上作画，把桥梁全部重漆一遍后，前面油漆的已经褪色，需要重新上色，永远没完没了。当危机结束时，因危机而生的行为却难以终止，我们陷在危机状态中无法抽身。在我接触过的许多组织中，大家都认为自己具有"英雄"或"危机"文化。这是因为，带有紧迫感、快节奏地工作会让人感到非常振奋和满足，但始终以危机时期的节奏工作会让人筋疲力尽，最终难以继续。

一旦一轮危机结束，我们确实需要调整自己的状态，以便个人和团队能够应对长期的压力、大量的工作和复杂的情况。有意识地从紧急状态转向更加深思熟虑、从容不迫的状态很有必要。正是在危机之后，我们需要与目标、愿景、意义和未来的规划重新联系起来，停下来反思、选择、重新调整。

通常，在处于长时间的压力体验之后，我们需要做的第一件事就是立即休整。这或许是给身体一段时间的休息，其中一定要包含有意识的心理休息。第二件事就是重新调整，即有意识地设定不同的工作节奏。第三件事是重新设计如何以可持续的方式应对长期的工作挑战。这个设计不需要华丽，也不能仅表达良好的愿景，这应该是一个富有活力的、切实可行的、具有可操作性的计划。在该计划中，个人和团队要考虑如何保存精力，以便有能力长期继续为目标服务。

与我一起制订"可持续发展计划"的团队想了很多方法让每个团队成员都有一些休息时间：例如，设定一个代理轮值表，承担彼此的责任；确认他人的休假时间（不发电子邮件或共享支持资源）。事实证明，这是一种零成本的方式，可以确保每个人都能从工作中抽出时间，不仅是放松，还能有意识地为自己"充电"。这有助于他们有意识地给予自己丰盈的资源，并把这个需求视为他们的主要职责之一。

## 避免过度付出

如果你经常被工作压得喘不过气来，或者你经常发现自己有一大堆事情要做，那么有必要审视一下你的动机。当你卖力工作时，你想满足什么欲望？你在渴求什么？对一些来访者来说，他们的工作场所文化使他们长时间工作。比如英雄文化，在这种文化中，人们会因为加倍努力工作而获得奖励。正如我们在技巧 4 中所探讨的那样，他们不能说"不"或者他们感觉自己不可以说"不"。他们希望被看到、被认可和被欣赏。借用约翰·惠廷顿（John Whittington）的话，人们经常发现自己"为了获得归属感而心力交瘁"——尤其是当他们身处鼓励超负荷工作的文化中工作时。

我们中的许多人都乐于助人，喜欢解决问题，或享受比别人更优秀的感觉。虽然这是一个值得称赞的动机，但可能正是这样的动机导致我们过度劳累。是该好好审视促使我们以这种方式工作的内在忠诚或深层次的模式了。当我们拼命努力时，我们的哪一个家人或过去认识的哪一个人会暗自高兴？我们常常是在错误的地方寻求认可和赞同——我们希望父母（或家庭系统中的某个人）认可我们，因此我们为我们所属的组织付出一切。

在这种情况下，我想再次提到海灵格 [4]。在关于关系系统模式的研究中，海灵格谈到"助人的次序"，并为我们提供了一些原则，这些原则对提供帮助时观察关系动态的变化非常有用。海灵格认为，我们给予别人东西，会让我们变得比别人更强大。我们给予得越多，我们就变得越强大。当你给朋友、客户或同事出谋划策时，你成了那个"正确"的人——你因此变得比他们更强大。想一想你出于助人目的而提出建议的时候，你变得强大了吗？不管我觉得多么不舒服，对我来说确实如此。为了在成人与成人的关系中保持平等，必须有互惠和交换的平衡。我们得到的应该和给予的一样多。

让我们结合工作来思考这个问题。如果你的目标是比别人更优秀，那么无论在什么样的环境下工作，你都会花大量时间帮助他人解决问题——无论是机构的还是个人的问题。在与你所帮助的人的关系中，你正把自己变得举足轻重，这本身让你感到非常满意。其他人可能会依赖你，你可能会成为他们或你服务的系统中不可或缺的一部分，这意味着你将被要求做越来越多的事情。要终止这种状况是极其困难的，因为这个需求也会像你一样变得越来越大。你不仅只是在帮助该系统，你已经成了维持系统运转的不可或缺的部分。我的许多来访者已经为此筋疲力尽，他们坚信自己做得永远不够。

重新平衡这种模式的方法之一是仔细审视自己想要比别人更强大的心理动机（有时被称为"被缠住的助人"）。海灵格说："如果我们试图帮助一个不需要我们帮助的人，那么我们就是需要帮助的人。"在这种情况下，我们需要有意识地打消自己的帮助愿望，把决定权留给个人、团队、朋友和组织。

系统地看待事物教会我们要"有用"而不是"总是帮忙"。这个区别微妙但是做到是有效的，因为它使我们不再成为系统中被缠住脱不开身的那一部分。当明白这一点时，我们就能解脱出来，不再是那个要去解决一切问题的人，不再是那个使一切变得更好的人。我们可以信任他人，并且接受他们所给予的，而不是自己去给予一切。这样做我们就不会感到筋疲力尽。

### 了解成瘾模式

我接触过的许多人如同身处在一场永久性的危机中，一直在习惯性地超负荷工作。这种模式与成瘾相似，从成瘾的角度研究超负荷工作有助于我们从中解脱出来。和其他成瘾行为一样，我们不仅需要看症状，还需要看原因。根据我们逐渐了解的丰盈模式，成瘾往往是因为我们想要弥补内心的一种匮乏感而做出过度的行为。世界上极受尊敬的成瘾心理学思想家之一加博尔·马特（Gabor Mate）博士这样说：

成瘾就是我们不断地寻找自己之外的东西，以抑制对成就感的永不满足的渴望。隐隐作痛的空虚感一直存在，因为我们希望能抚慰它的物质或追求并不是我们真正需要的。[5]

我当然不是贬抑严重的物质成瘾与超负荷工作，或者直接把二者加以对比。从总体上讲，工作狂不同于其他的成瘾，因为它可以被认可，可以获得地位。然而，对我来说，马特关于丰盈的评论是非常正确的，并能让人产生共鸣。我接触到的那些濒临职业倦怠的人往往感到无法停止工作，他们被一种永不满足的欲望所驱使着。工作给他们带来他们认为很重要的东西，停下来会让他们感到害怕，因为这会迫使他们看到自己可能太忙而无法处理的事情。

如果你正处于这样的状态，那么想一想你从过度状态中获得了什么。为了不再过度操劳与忙忙碌碌，你要付出什么？或许忙碌掩盖了你难以发现的一些东西。从一件让人筋疲力尽但又熟悉的事情中解脱出来，去尝试可能让人感到更痛苦的事情，这是需要勇气的。然而，在我的经验中，这一直是一个值得冒险的尝试，因为它可以引导你回到平衡状态，那时你会接纳丰盈，践行丰盈，而不是处于过度状态。

### 记住：你有选择

多年来，我注意到，走向倦怠的显著症状是：人们认为自己别无选择，只能埋头干手头的事情。他们认为自己不可能停下来审视全局，但这又是至关重要的——是找到丰盈的资源以避免倦怠的关键点。我们正在寻求丰盈的微妙平衡。

我们可以选择当下，我们可以选择转变关注点——从关注问题转向关注解决方案。

### 实践练习 20：回顾工作模式

你多久回顾一次自己的工作模式？这是帮助你摆脱过度之痛的重要部分，让你进入可持续的丰盈状态。

● 你知道自己每天都需要耗费和恢复精力。拟定你的工作计划，并包含一些能让你"充电"的事情。

● 再问自己一个问题：能让你每天或每周都能有意识地进入工作状态并恢复精力的事情是什么？不管它是什么，都要选择坚持下去，这很重要。无论是锻炼、睡眠、休息，还是工作之外的其他娱乐活动，都完全取决于你。

● 想象一下你理想的工作模式并把它写下来。你会一天或一周工作多少个小时？回想一下你的丰盈之轮，明确你个人能够掌控的事情。你可以有什么选择？你可以改变什么以做到丰盈？

关键是，在做出选择时，你会从自我关怀的角度给予自己权力和能动性。你从盲目地遵从模式和习惯转向有意识地为自己想要的生活选择模式和习惯。我们中的许多人把时间花在关注眼前的问题上，而不是寻找解决方案。"你的关注点在哪里，你的能量就会去到哪里"这句格言提醒我们，当我们把注意力放在自己想要实现的事情上，而不是想要避免的事情上时，我们就拥有了非常大的力量。当我们全心全意地获取丰盈的资源，把关注的焦点从问题转移到解决途径时，我们就在用自己的力量充实自己。

### 学会：创伤后成长

我一直觉得尼采（Nietzsche）的"凡不能毁灭我的，必使我强大"这句话有些老套——当我处于人生低潮时，把困难的情况和最糟糕的结果进行比较，让人感觉过于简单化，不够恰当。然而事实上，几乎每一次的人类经历，无论多么痛苦，都包含着一些学问。谢丽尔·桑德伯格（Sheryl Sandberg）和亚当·格兰特（Adam Grant）在他们的著作《另一种选择》(Option B)[6]中描述了桑德伯格在她的朋友、心理学家格兰特的帮助下，如何面对丈夫的突然离世。其中他们提到的一个观点就是，不仅要从困难中恢复过来，还要奋勇向前——从所经历的事情中有所收获。

这并不是一个全新的观点——大卫·库伯（David Kolb）的体验式反思实践学习圈[7]（成人教育领域的主要理论）表明，最好的学习往往来自反思后得出的经验及结论，然后将它们应用到下一次行动中。然而，在这个领域工作了20多年后，我已经记不清问过多少次来自各个机构的来访者，他们是如何反思并吸取教训的，结果却听到了熟悉的回答："几乎没有——除非事情进展不顺时。"因此，从逆境中反思和学习以增强心理弹性是一个很好的想法，我们需要记住这点并将其融入我们的生活。

心理学家理查德·泰德斯基（Richard Tedeschi）和劳伦斯·卡尔霍恩（Lawrence Calhoun）[8]更进一步地研究了人们如何从创伤中恢复。他们创造了"创伤后成长"这个词。这对人们尤其有帮助，因为它承认了一个事实，即有些事情已经造成了创伤，同时也为人们提供了恢复健康的思考方式。当然，把这与丰盈的资源联系起来，实现平衡而不是倦怠的关键是需要花时间反思。作为一名心理教练，几乎所有我接触过的来访者都感觉时间匮乏。他们扮演着不同的人生角色，承担着大量的责任，在高度复杂的环境中工作。心理辅导虽然只有一个月几个小时的时间，但却让他们放下手中的工作去反思、总结他们所做的和所学到的。无论你是否有教练，花点时间反思并总结你从困难，甚至创伤、大事件或者季节变化中获得的学问，都是非常有用的。一段时期的意义建构有助于你理解发生的事情，反思在重要时刻让你恢复或耗尽精力的事情。你可以问自己："这件事对我而言，成长意义在哪里？"

话虽如此，但我明白，建议几近筋疲力尽的人再花点时间反思，感觉像是自相矛盾的说法。我很清楚，当别人身处危机时，问他们学到了什么，这很可能不够明智——换作是我，我会愤怒。时机就是一切，大多数人需要一点缓冲的空间，然后才能从一段经历中有所收获。不过，反思、暂时停下来观察，能够让人极大地恢复活力。我们能从身体中获得大量数据，它们经常向我们发出预警信号，提醒我们何时需要实现平衡。当我们记起问我们的身体——"你想告诉我什么？"时，我们就在收集需要的关键数据，特别是当我们感到倦怠时。之后，我们能够开始寻找意义和从中学习，以便将其融入我们的生活。

## 建立能让自己获取丰盈的资源的团队

在思考如何为自己争取丰盈的资源时，以你为核心构建一支优良的团队将让一切变得大不相同。团队的成员来自两种途径：第一，从外部来看，在工作中委派优秀的人去完成任务。第二，从内部来看，拥有一批个人拥护者，为你提供资源，帮助你做到最好。

首先，让我们探讨一下如何建立一支可以委派工作的优秀团队。众所周知，在工作量大到难以承受的情况下，有一群优秀的同事可以委派任务是至关重要的。当然，并不是每个人都拥有一个或多个这样的团队，在这种情况下，你可以跳到第 2 点。如果你拥有这样的团队，那么有很多关于如何委派任务的精彩文献可以为你提供帮助，在此我列举其中几个重要著作予以说明。从实质上看，该研究指向四个关键领域：

- 团队中有合适的人：在《从优秀到卓越》一书中，柯林斯提出"让合适的人上车坐在正确的位置上，让不合适的人下车"的理念。

- 为了高效完成工作，不要羞于为自己准备必需的资源：在《人到高层》（*Senior Leadership Teams*）[9] 中，鲁思·韦格曼（Ruth Wageman）建议，一旦你拥有一支团队，成员忠诚并且有能力，下一步就是为他们提供充足的资源。她的研究发现："为了让团队成员以最高水平开展工作，要确保他们能够获得所需的所有资源。这样的做法在优秀团队的领导人眼里，并不是对团队成员的聪明才智和专业知识的侮辱。"这当然是双向的。保证被委派任务的人员拥有充足的资源，这是非常重要的。每一个人，不论在一个组织内的哪个级别，都需要有充足的资源和支持，充分认识到这一点的团队才是健康的，通常也是有成效的。

- 建立信任和自主的文化：库泽斯（Koouzes）和波斯

纳（Posner）将他们长达 30 年的研究成果融入《领导力》（*The Leadership Challenge*）[10] 一书中。他们在书中提出了一些很好的建议，帮助团队营造良好的氛围，让成员感到自己被赋予了权力，受到了信任，能够在适当的支持和指导下做出决定，并最终实现授权。这里的关键是，授权不仅是把工作委派给他人，还要支持他们做好这件事。帕特里克·兰西奥尼（Patrick Lencioni）[11] 是一位组织行为学的爱好者，他认为团队要想发挥作用，就必须建立在牢固的信任基础上。有了信任，团队成员才能够授权让他人做出决定，做需要做的事情；当事情没有按计划进行、没有完成，或出现交付问题时，建立开放的沟通渠道以便在任何时候沟通信息。

- 明确的角色和明确的责任：我曾与许多团队合作过，因为他们没有明确质量控制或决策制定的责任人，所以授权的人遇到了签署工作的瓶颈。我接触过的一个团队让它的十一个成员检查一份报告，这意味着事实上，没有人对这项任务标准负责，每个人都认为链条中的其他人会做出更正。在一开始下放权力时，就要明确谁来负责、谁来参与，需要达到的标准以及负责签署报告的人。当做到这一点时，授权工作才能顺利开展。确保每个人无论在授权链中处于哪个位置（包括你自己），都有丰盈的资源来确保一个美好的结果。

然后我们来看看拥有一批个人的拥护者有多大的支持作用。我接触过的很多人，在公司扮演着重要的角色，但他们并没有一个团队可以委派工作——他们需要在整个公司内横向工作，对接不同的利益相关者。我还指导过许多人，他们由于某些原因没有直接下属。无论你属于哪种情况，我们都需要一批支持者。即使遇到挑战，他们仍然会支持我们，为我们加油，使我们能够做必须做的事。

有时，还可以聘用一位特定的工作导师——此人一直在做你所做之事，并且乐于施以援手，乐于谈论工作和给予鼓励。我总是把导师想象为接力跑运动员：在我们开始职业生涯时，如果够幸运，我们会从导师那里得到指导，然后随着我们的进步，我们开始为后来的人提供指导……一系列的智慧就这样传递下去。除了导师之外，我鼓励我的所有来访者在他们的公司内和关系网中找到他们的盟友或支持者，这不仅可以帮助他们在自己扮演的角色中取得成功，成为更好的自己，还能够让他们在遇到困难时有人可以求助。当你感觉自己不够优秀的时候，无论是因为匮乏还是过度，通常这些人都会帮助你重新获得平衡。

将这些人纳入你的丰盈的资源团队，意识到这一点非常有用。将来遇到困难时，你将获得你所需要的资源。我常常请我的心理咨询者回想那些支持他们的团队中的每一个人，无论是工作中还是工作之外，从过去到现在，并把他们的名字写在不同的便条纸上。然后，把便条纸放在身后，站起来，迎接面前的任何挑战，而支持者就在身后。

当你需要寻求额外支持时，你可以更进一步地从丰盈的资源团队中选择几个人，把他们的名字写在纸上，然后，把纸条放入你的衣服口袋。当我为谈判或会面感到紧张时，我就会这样做。想到我的支持团队就在衣服口袋里，我感到特别踏实。团队成员可以有所变化，这取决于你需要得到什么样的支持。你可以选择一个在你现在的领域做得非常出色的人；你可以选择一个关心你、为你付出的人，他渴望你成为更好的自己；你也可以选择一个与你一起合作，能出色完成工作的人。无论他是谁，目的就是找到一个有意支持你，让你在重要时刻感到资源充裕、内心丰盈的人。

### 维持：养成习惯以持续发展

在安妮·拉莫特（Anne Lamott）[12] 关于写作的一本精彩著作中，她讲述了这样一个故事——一个应对崩溃的有效策略。

30 年前，我的哥哥十岁，那时他正在写一篇为期三个月的鸟类观察报告，第二天就该上交了……他坐在厨房的餐桌前，四周散放着作业纸和一本本未开封的鸟类书籍。面对眼前的艰巨任务，他不知如何着手，几乎快哭出来了。然后我父亲坐在他旁边，用胳膊搂住我哥哥的肩膀说："一只一只地来，小子，一只鸟接一只鸟地写就对了"。

众所周知，习惯很难改变，尤其是行为习惯。大多数人会分享自己开始尝试或停止某事的经历，然而，随着时间的推移，难以坚持。看看健身房会员的统计数据，随着我们定下的新年目标，一月份的会员数量通常增加，到三月份又会下降。因此，为了改变你每天做的事情，确保你有丰盈的资源来应对日常面临的挑战，你需要练习和明确意图。

正如我们已经探讨过的，从小处着手是有用的。为自己设定可实现的改变目标，而不是彻底颠覆生活的大动作。事实上，我不知道有谁真的做出了他幻想中的影响一生的改变，生活杂志有时会有这样的报道——某人放弃了激烈的竞争，在某个美丽的小农场里过着自给自足的生活。但我确实知道，在我接触过的成百上千位来访者中，他们在生活和工作方式上做了微小的调整，却对他们的生活产生了巨大的影响。多年来一直担任英国自行车车队总监的戴维·布雷斯福德爵士（Sir David Brailsford）提出了一个他称为"边际增效"的计划。

在这个计划中，他研究了促成运动员在奥运会自行车比赛中获得成功的每一个要素，并在每一处细节中寻求微小的改进。他谈到这种方法时说："如果你把一个大目标分解为小目标，然后加以改进，当累计起来时，你就会有惊人的进步。"[13] 他在这方面的成就有据可查：英国自行车车队在随后许多年的比赛中获得的奥运金牌数从一枚升至八枚。对你来说也是如此。如果你想拥有丰盈的资源使自己保持活力、开始更加平衡的生活，你不必做出巨大的改变，只需要持续做出小改变。正如拉莫特的父亲所说，"一只鸟接一只鸟地写就对了"。

在《掌控习惯》（*Atomic Habits*）[14] 一书中，詹姆斯·克利尔（James Clear）解释了形成习惯的心理特征以及养成习惯要做的事情。他提出了一个对此特别有帮助的见解，那就是当我们决定改变自己的行为时，我们应该关注哪些方面。

- 第一，我们可以专注于我们想要改变的目标或结果——转变后产生的结果，例如，一个可持续使用的工作场所。

- 第二，我们可以专注于过程——我们做什么可以引起变化。例如，本章开头提到的辛西娅，每个午餐时间在花园里待半个小时，以使自己恢复活力。

- 第三，我们可以专注于自己的身份——我们的自我形象，即我们对自己的认识。例如，对你来说，它可能是："我是丰盈的，我践行丰盈，我拥有丰盈。"当专注于行为背后的信念时，我们更有可能坚持长期地改变。正如克利尔所说，改进只是暂时的，除非它们成为你的一部分。目标不是阅读一本书，而是成为一名长期读者；目标不是跑马拉松，而是成为一名长跑选手。对我们来说，目标就是学会丰盈之法，然后好好生活。

当提到选择和坚持常规练习以获得丰盈的资源时，依靠那些被纳入到资源队伍中的人是大有好处的。问责合作伙伴——无论是你的部门经理、同龄人、心理教练，还是亲密的朋友或家人，对于你坚持改变原有习惯都有极大的影响。一旦你决定了想成为什么样的人，就告知对你重要的人，并请求他们来支持你。

◎ 丰盈的资源的力量

找到丰盈的资源永远是一项正在进行中的工作，因为我们的工作从内到外都有复杂的需求。寻找丰盈之法的关键就是找到一种生活模式，它能让你意识到自己拥有丰盈的资源。当你做出选择时，要从经历中学习，记住依靠你的团队成员并养成好的习惯。这样，你将汇聚所有人身上的力量，积极地为自己想做的事情提供支持。

## 重点概述

- 资源是可循环的。
- 了解哪些事会使你心力交瘁，哪些事能让你恢复活力。
- 养成在工作中和下班后定期补充资源的习惯。
- 接纳一切，获得完整感。
- 参加一些娱乐活动能使人精力更充沛。
- 往往是我们内心的纠结造成了倦怠，所以要审视自己的节奏、成瘾模式和动机。
- 确保资源的充沛。
- 通过学习、组建自己的团队和坚持好的习惯来保持精力充沛。

充分利用能量，发挥丰盈的资源中蕴含的潜能。

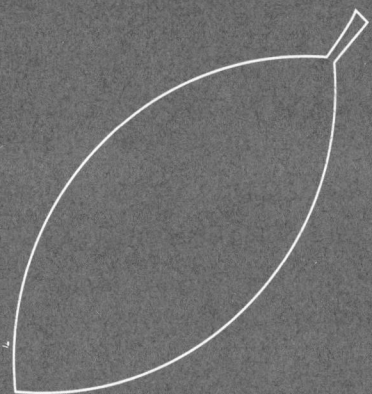

第三部分

## 拥有丰盈

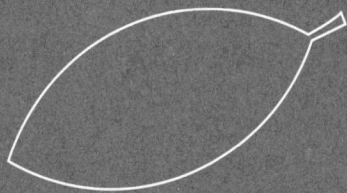

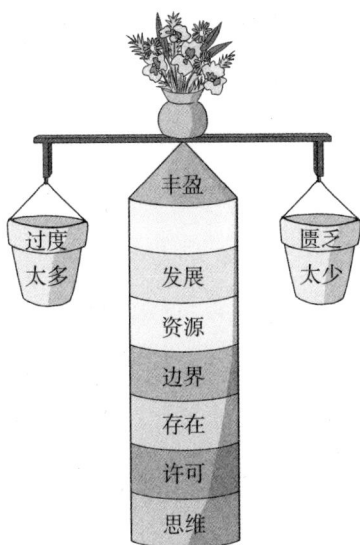

## 技巧6：丰盈的发展

——可持续发展的智慧

足够，足够世人享用，

源源不绝。

千千万万的人，

不再匮乏、苦恼和忧虑。

愿世界成为圣洁之地，

如天堂，

教会人类，

平等与慈爱。

——摘自 19 世纪乌利亚·斯马特（Uriah Smart）
的民谣《穷人哀歌》①（*Poor Man's Lamentation*）[1]

在技巧 6 中，我们将探讨极限中的自由。整个社会过度消费，每年消费和扔掉的东西比我们祖先一辈子拥有的还多。这些行为已经使我们的环境处于崩溃边缘，却未能让我们更快乐。甚至丰盈的发展这个概念，对一些人来说都有种约束感。对于很多人来说，这可能是平庸和缺乏抱负的代名词。在本章，我们将完全改变这样的想法，通过丰盈的发展，实现我们的雄心壮志、发挥最大的潜力，并找到幸福的大门。我们将探讨如何实现丰盈的发展——无论是个人还是集体，以便我们能够在不牺牲地球环境的情况下蓬勃发展。

我们将探索：

● 丰盈的发展周期。

● 极限中的自由。

● 永无止境的增长神话。

---

① 民谣名为译者自译。——译者注

● 甜甜圈思维。

● 少即是多。

● 蜕变的梦想。

## 丰盈的发展周期

小时候，我最喜欢的一本绘本是艾瑞·卡尔（Eric Carle）的《好饿的毛毛虫》（*The Very Hungry Caterpillar*）[2]。当翻看书页间毛毛虫的照片，看到镂空硬板书上的洞变得越来越大时，我感到非常高兴。绘本描绘了一只越来越饿的毛毛虫的进化之旅。它大嚼食物，吃得越多，就越想吃，永远都吃不饱，无论谁都没办法阻止它……直到它最终变成了蛹。众所周知，长大对它来说不是最终目的，蜕变成蝴蝶才是。但是，毛毛虫等到蜕变发生时才明白这一点。这暗指我们当下生活的世界。我们不停地消耗，不停地消耗，一直感到饥饿，永不满足，直到我们意识到无休止的消耗不是目的，它不能让我们感到快乐或满足——唯有蜕变才能。

当我们思考如何实现丰盈的发展时，毛毛虫的演变给我们提供了一个有益的思路。对于增长的关注使得我们几乎放弃了其他一切，地球因此濒临"第六次生物大灭绝"，所以我们如何看待增长变得十分重要。全球生态系统正处于变化

147

的转折点，这是因为我们丝毫不考虑后果，只专注于更多产出造成的。尽管我们从新自由主义经济学家、政府和媒体那里接收到的信息是增长并不只关乎变得更大，它还涉及深度、学习、想象力、创造力和转化等方面。而且，正如我们已经探讨过的，就像毛毛虫的成虫细胞一样，我们拥有的潜力，不仅可以让我们变大，还可以帮助我们实现意想不到的转变和获得美丽。

通过借鉴仿生工程的经验和吸取自然界的灵感，我创建了一个新的模型，以分析丰盈的发展。如你所料，它是可循环的，而非线性的。在遵循自然模式的过程中，我们可以探索如何摆脱匮乏和过剩的拉锯，找到丰盈的平衡点，从而获得成长、实现蓬勃发展。当然，蛹化并不是自然界唯一的生长方式。大多数生物在生长过程中并不会完全改变形态，而是一旦达到了"合适的大小"，它们就会集中精力变成真正的

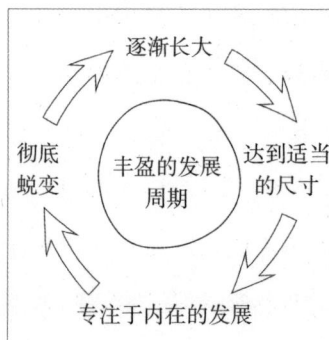

逐渐长大

彻底蜕变　丰盈的发展周期　达到适当的尺寸

专注于内在的发展

自己。尽管如此，我仍然把蜕变作为第四个阶段，因为在我看来，排除了成虫细胞蜕变的神奇魅力（正如前言中所讨论的），似乎就忽视了我们内在的一部分潜力。

第一阶段：逐渐长大。如从婴儿成长为成人，从一个初步的想法发展为一个成熟的东西，这是我们渴望学习、成长和发展的阶段，是高消耗和迅速成长的阶段。

第二阶段：达到适当的尺寸。在这个阶段，外在的生长停止了，我们达到了一定的大小，并稳定在这个状态下——这是我们自然的、身体上的极限。

第三阶段：专注于内在的发展。我们集中精力和资源来发挥我们的潜力，过上充实的生活。在自然的边界内茁壮成长，保持健康。

第四阶段：彻底蜕变。正如我们从毛毛虫身上看到的，蜕变需要放下旧的形态，为新的形态腾出空间。这就必须去除我们原有的一些东西，或许是旧的身份，或许是自我意识。我们需要放弃过去的东西，才能成为新的模样——完全不同的、令人惊讶的、美丽的新模样，这些都源自我们的"成虫细胞"。

我们目前面临的挑战是，当今文化和社会大多停留在第一阶段，只专注于变得更大，忽视了其他阶段。这样的收支是不平衡的：我们攫取得太多，而没有回馈地球或者补充资源。一切都是借发展之名。我们不仅拒绝承认极限这一概念，还忘记了极限是我们进入下一个阶段的关键，忘记了进入下一阶段可以使我们集中精力，专注于蓬勃发展和实现我们的蜕变梦想。我们需要让自己从贪得无厌的消耗中走出来，以便找到与地球上的其他生物共同发展的方式。

当讨论更广泛的系统问题以及造成现状的原因时，我们很容易感到我们的生活方式遭到他人评判，或感到这是对自己和他人的评头论足。评判，然后陷入对错的二元对立，是很容易的。为了驳斥这种现象，本着对更广阔背景的探索精神，我撰写了本章节。这是一个真正发自内心的问题，探究我们——无论是作为个人还是集体，如何才能寻找到丰盈发展的方法，从而对我们共有的地球产生积极影响。

对我来说，追求丰盈的发展是由我的情感和理性共同决定的，它关乎爱、心碎和希望。在清晨听到鸟儿歌唱时，你会不会感到满心欢喜？在晚上抬头仰望繁星时，你有没有被震撼得无法呼吸？日落的美景有没有让你感动得落泪？或者，你是否也曾像我一样因二月间城市公园里的一株番红花而驻足惊叹，赞叹它以朴素的美预示着春天的到来？然后，当你看到垃圾在河流中漂浮或散落在美丽的海滩上时，你有没有感到心碎？或者你是否也曾在观看自然节目时心痛哭泣，痛心于那些世界各地让你沉醉的美丽的栖息地正遭到破坏？我敢肯定，大多数人和我一样，在观看戴维·阿滕伯格<sup>①</sup>（David Attenborough）拍摄的纪录片结尾时会不由得哭起来。你有没有和我一样，深切地盼望着人们能够扭转目前的危机，找到一种让地球丰盈起来的生活方式，而非一味地消耗资源？根据我的经验，当我们饱含感情、运用智慧，真正地参与其中时，我们就会充满能动性和行动力。因为我们全身心地了解了自己的反应，所以我们会认识到有必要采取行动。

我相信，迎接这一挑战应该是我们一生中最快乐的事，而不是让我们感到悲伤和绝望。学习如何用丰盈的发展方式生活，就是学习如何经历成长的各个阶段，这要求我们充分利用身上的美好品质：爱、勇气、希望和创造力。我相信这个新方式将引领我们走向蓬勃发展。活出丰盈本身就是一件值得追求的事情，因为它会给予我们许多东西，无论是内在的还是外在的。它既具有强烈的个性，又具有极广泛的社会性。我们每个人都需要找到让自己蓬勃发展的方法，并在这个过程中相互分享经验。

在本章中，我们将探索发展的完整周期并探索如何有意识地度过发展过程中的第二阶段、第三阶段和第四阶段（假

---

① 戴维·阿滕伯格多年来与 BBC 的制作团队一起，实地探索过地球上已知的几乎所有生态环境，被誉为"世界自然纪录片之父"。——编者注

设我们已经顺利度过第一阶段），实现丰盈的平衡。我们将从个人和系统的角度探讨丰盈的发展，探索我们的行为将如何与更大范围的环境相互作用。在这里，我们将把发展视为利用我们所学到的关于接纳和践行丰盈的相关知识的机会，并在此基础上构建平衡状态，以便我们在各方面都能得到足够的资源，从而真正发挥我们的潜力。我们将首先剖析最具挑战性但也是实现丰盈的阶段：了解我们的极限是什么，并学习如何停下来不再追求极限。

## 极限中的自由

谈论极限甚至也是一个挑战。我们沉浸在欣赏指数增长的文化中，因此思考极限概念本身都会让人感到是一种约束，我个人就不喜欢被限制。极限，似乎是自由的对立面。然而，无论我们是否喜欢，极限始终都会存在。当我们成年后，就不再长高；世间万物也都会在某个时候停止生长——所有的一切都具有内在的极限。无论是鱼类、爬行动物、哺乳动物，还是树木，它们都不会一直生长。因此，不要把极限看成是阻碍我们的消极因素，而把它视为让我们保持安全的积极框架，这样的视角或许更有益。极限，如同我们在技巧4中探讨的"丰盈的边界"，可以帮助我们在必要的时候停下来，这样我们就能把精力和注意力集中在其他事情上。知道什么时候停止生长并不一定会限制我们的可能性，事实上，恰恰相反，这能挖掘我们的可能性。当我们说"潜力不可限量"时，我们所强调的是转型的能力。正如商业作家查尔斯·汉迪（Charles Handy）在《第二曲线：跨越"S形曲线"的第二次增长》（*The Second Curve: Thoughts on Re-inventing Society*）[3]中所写，如果我们不能对自己说"适可而止"，那么我们就永远不能自由地探索其他的可能性。

让我们看一个事例，说明这意味着什么。在我写本书的初期，我有幸见到了汉迪和他的妻子莉兹（Liz），他们告诉我他们是如何通过设定极限来管理自己的工作周期的。正如汉迪所说：

> 如今，在每年年初时，我们就决定这一年赚多少钱。我们设定了一个收入限额，只接受相应的工作。当约定的项目产生的收入达到上限时，我们就会把注意力转向那些不产生经济效益的事情上，因为它们会给我们带来其他的收获。

汉迪说这句话时，他眼中闪烁着光芒，这充分说明了这种做法对他们来说是非常宝贵且有用的。

作为一个为自己工作了大半辈子的人，我发现这个想法既让人放松，又具有挑战性。一旦我获得了能满足自己经济需求的收入，拒绝工作会是什么感觉？当然并不是每个人都可以有这样的选择。许多人整天拼命工作，但收入也只能勉强维持生计。因此，设置收入限额并不能让他们如释重负。尽管如此，对我来说，作为一个在过去几年中尽我所能努力工作、尽可能多地挣钱（或未雨绸缪）的人，从商业角度为自己设定最高收入目标和最低收入目标的想法对我来说是一个全新的想法，这让我有时间停下来思考。这让我意识到，我已经接纳了社会中普遍存在的行为和做法，这些行为和做法告诉我们"多多益善"——在收入和金融增长方面，永远没有终点。当我终于有勇气允许自己不这样做时（借鉴了技巧2"对丰盈的许可"中的一些活动），我发现这是一种巨大的解脱。拒绝某些工作，给自己留出一点时间无疑会改变我的工作习惯，使我真正自由地做其他事情，从而支持我、帮助我在其他方面蓬勃发展，专注于我生活中更重要的但偶尔被忽视的部分。在设定自己的发展极限后，我感到了自由。事实证明，极限并没有阻止我的发展，相反，它是我发展的先决条件。

正如汉迪向我指出的那样，有很多企业在这方面做得极好。德国经济的很大一部分是由家族制造业企业构成的，并且他们并没有上市。这些企业可以继续保持创新性和高质量，因为他们没有受到股东增长的短期主义的限制，将注意力集中在眼前的利润上，而是把资金重新投入到业务中。我曾经指导过一位高级主管，他来自博世（一家全球著名的家族企业）。他非常自豪地告诉我，他们每年97%的利润都重新投入到企业中，而且他们的发展战略预测可以延续到未来30年。他们从企业中获取的利润的限制使他们能够将利润更多地投资于员工、研究、创新和质量。比起短期收益，可持续性对他们来说更重要。

许多其他企业也是选择发展到"恰当的规模"而不是更大。跟大家分享一个我熟知的故事。在过去15年的时间里，我担任一家独立的代养机构的经理。该机构富有远见的创始人兼首席执行官珍妮特·迪格比－贝克（Janet Digby-Baker）坚称机构发展不能超过一定规模。珍妮特经常告诉我们，为了与被代养的小孩和备案登记的寄养家庭维持联系，机构必须控制在相对较小的规模，或者更准确地说，维持合适的规模。因此，我们这个机构能够着力于珍妮特积极倡导的护理价值观和标准，例如，给每个孩子提供一辆自行车，教他们游泳，培养他们的生活技能。在珍妮特几十年的社会工作和家事法庭的工作中，她注意到人们经常忽视培养被收养孩子的这些技能。保持恰当的规模是公司能够实现价值、达成目标的关键，是坚持不懈地为弱势儿童提供有质量的照护的关键。当然，这需要坚守决心和自我控制：由于关注质量，该机构很受欢迎，因此很容易超越自我设定的限制并扩大规模。但我们从来没有这样做过，我亲身体会到了这个决定是多么的有意义和有影响力。

## 永无止境的增长神话

尽管永无止境的增长神话有明显的缺陷，可为什么它对我们如此有吸引力？在我看来，部分原因是它与我们个人或个体追求的东西非常契合：对归属感的持续追求。在《了不起的盖茨比》（*The Great Gatsby*）[4] 中，弗朗西斯·斯科特·菲茨杰拉德（Francis Scott Fitzgerald）完美地诠释了物质财富如何剥夺了角色的归属感。小说结尾富有诗意：

盖茨比信奉那盏绿灯，这个一年年在我们眼前渐渐远去的极乐的未来。它从前逃脱了我们的追求，不过那没关系——明天我们跑得更快一点，把胳膊伸得更远一点……总有一天……于是我们继续奋力向前，逆水行舟，被不断地向后推，被推入过去。

正是出于对难以捉摸的明天的渴望，我们被引诱着获取更多，永不满足。菲茨杰拉德说过，解决这个问题需要我们反思自己的生活方式、价值观、行为模式等。这种集体文化的渴望呼吁我们每个人都审视自己过去的生活，并问自己："我在忠于谁？"、"我在为谁做这件事？"或者"我在逃避或渴望治愈什么痛苦？"正如我们在本书前面章节所探讨的以及菲茨杰拉德的小说所揭示的，只有当我们关注自己的渴望和归属感时，我们才不会欲壑难填。

这与我们在上一章中探讨的成瘾的定义相吻合。再说说加博·马特（Gabor Mate），他问和他打过交道的瘾君子从那些特殊的东西中获得了什么：

我问他们，"从短期来看，你渴望得到什么，而这个东西恰好能够满足你？"普遍的答案是："它帮助我摆脱了情绪痛苦，帮助我应对压力，让我内心宁静，与他人建立联系，并获得掌控感。"[5]

在很多方面，我觉得这种行为动机与社会的消费习惯很相似。我们中间是否有许多人谈论"购物疗法"？通过购物，我们是不是感觉更好、更具控制力、压力得到减轻，甚至痛苦得到了缓解？为了达到上述目的，我知道自己为什么要购买一些并不需要的东西了，无论是衣服、食物还是体验。这就是我认为丰盈的发展在本质上与本书中探讨过的"丰盈"的其他方面息息相关的原因，包括我们内心对自己的认知。我们对自我的感知会影响我们生活和工作中的超负荷运转程度，这反过来会影响我们的消费方式。当我们处于丰盈的状态（感觉自己是丰盈的，完全活在当下）时，我们就可以做出选择，从而让自己践行丰盈，并开始意识到我们真正需要什么东西。只要处于丰盈的状态，我们就能蓬勃成长。

从宏观上看，我们忽略极限中蕴藏着自由的另一个原因是，20 世纪新自由主义经济学指出，增长——寻求更多是我们需要关注的最重要的事情。一个国家的经济是以其 GDP（国内生产总值）的增长率来衡量的。尽管几十年来，许多经济学家、政治家、哲学家和环保主义者一直认为，仅用 GDP 来衡量经济领域的成功，是不完整的，甚至是具有破坏性的。越来越多的经济学家，从 1973 年 E. F. 舒马赫（E. F. Schumacher）的开创性著作《小就是美》（*Small is Beautiful*）[6]到最近的凯特·拉沃斯（Kate Raworth）撰写的《甜甜圈经济学》（*Doughnut Economics*）[7]，都全面阐述了为什么这样做是具有破坏性的。我们只衡量一个国家集体努力的成果，却忽略了为此付出的代价。

系统思想家德内拉·梅多斯（Donella Meadows）是 1972 年联合国资助的一份名为《增长的极限》（*Limits to Growth*）[8]

的报告的共同作者之一，她在 1999 年的一次演讲中直言：

> 增长，无论是何种文化创造出来的，都是最愚蠢的目的之一。我们拥有足够的东西……我们应该经常问："增长什么，为什么增长，为谁增长，谁支付成本，增长能持续多久，地球要付出的代价是多少，多少是足够的？"[9]

尽管许多有识之士不断发出警告，但我们也只是刚开始真正了解执迷于增长对全球气候、生态系统，甚至全球财富分配造成的破坏有多深广。

我们似乎已经习惯于相信一切都可以不断发展，且资源用之不竭。在动画短片《东西的故事》(*The Story of Stuff*)[10] 以及随后的同名书中，安妮·伦纳德 (Annie Leonard) 讲述了消费主义（认为高消费对社会和个人有利）的循环，有时被称为"调配、生产、消费、丢弃"的经济循环。伦纳德解释说，消费主义制度是第二次世界大战后美国故意设计的重新启动经济的一种方式。从那时起，世界各地的工业国家一直遵循着这样一个循环：从地球上开采资源，然后将其制造成使用寿命很短的产品（讽刺地称为"精心设计的淘汰"），并将其出售给我们的消费者，最终要么由于故障，要么由于过时，要么两者兼有而被人扔掉。正如经济学家蒂姆·杰克逊（Tim Jackson）在 2010 年 TED 演讲中所说，"我们被说服把我们的钱花在不需要的东西上，以便让我们并不在意的人对我们有好印象，但这个印象并不持久。"[11] 当然，这是一个线性系统，一个假装世界资源是无穷无尽的系统。正如我们在技巧 5 中所讨论的那样，这并不是大自然的法则。没有补充，资源注定会变得有限。这种消费主义体系有一个不可避免的终点，即世界资源枯竭。事实证明，甘地（Gandhi）所言是正确的，"我们的地球所提供的东西足以满足每个人的需要，但不足以填满每个人的欲壑。"[12] 也许连甘地都没有预料到停止增长对人们有多么困难。

在这种个人、经济和文化背景下，我们如何才能实现丰盈的发展？是的，在宏观层面上，我们可以着手于更广泛的措施。单纯用 GDP 来衡量经济发展是否成功是不科学的，因为它是一维的。管中窥豹使我们相信天方夜谭——发展没有上限。早在 1968 年，罗伯特·肯尼迪（Robert Kennedy）就说过：

"GDP 既不能衡量我们的机智和勇气，也不能衡量我们的智慧和学问，还不能衡量我们的同情心和对国家的奉献精神。总之，它衡量一切，却把那些令人生有价值东西排除在外。"[13]

因此，为了在丰盈的发展中找到平衡，我们需要参考更多数据，衡量更多方面，涵盖我们人类、世界及资源的更全面的情况。这时甜甜圈经济学就发挥了作用。

## 甜甜圈思维

在探讨了限制增长带给我们的自由之后，让我们深入研究下发展周期的下一个阶段——繁荣，看看我们能够以如何不同

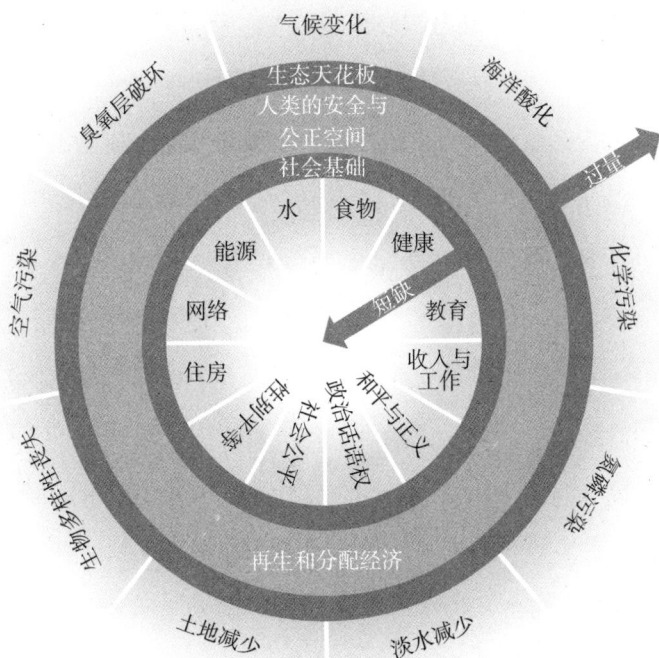

的方式继续发展。经济学家凯特·拉沃斯（Kate Raworth）[14] 之所以把她的经济模型称为"甜甜圈"，是因为它清楚地描绘了经济内部和外部的上限，类似于本章开头描述的发展上限。拉沃斯提出将经济视为创造的方式，"在这个世界，每一个人都能在群体中有尊严地生活，并获得机会——我们所有人都能在这个赋予我们生命的地球资源范围内实现这样的生活。"[15]

甜甜圈的内部是"社会基础"的边界，这是世界上每个人为了过上有尊严的生活所需要达到的最低标准。这个边界基于对社会公正和分配经济的渴望，包括食物、水、能源、网络、住房、收入、工作、教育、健康、性别平等、社会公平、政治话语权、和平与正义等。如果这其中任何一类东西无法满足所有人的需求，那我们就会处于拉沃斯所说的"短缺"状态，类似于我们所说的匮乏。

甜甜圈的外部边界是生态上限——是满足我们生活需求的同时，能保持地球健康的最大限度。这包括气候变化、臭氧层破坏、空气污染、生物多样性丧失、土地减少、淡水减少、氮磷污染、化学污染和海洋酸化。当我们超出甜甜圈的外圈时，就超出了地球所能承受的边界，我们就会处于"过量"领域，这就是我们所说的"过度"。

上下两个边界中间就是甜甜圈，也就是繁荣兴旺的区域，拉沃斯将它称为"以再生和分配经济为基础的安全和公正的人类空间"，我们将它称为"丰盈"。为了让世界繁荣，全人类（不仅是被选中的少数人）都需要蓬勃发展，反之亦然。当我们生活在所描述的甜甜圈内时，我们可以专注于如何生活得更好，可以把精力集中在"丰盈发展"周期的第三阶段——内在发展。拉沃斯对如何改变经济框架以实现人类和地球的蓬勃发展进行了深刻而全面的描述。当然，我们每一个人需要做的就是了解如何在这些边界范围内过上充实而富有的生活。

甜甜圈模型是一个更全面、复杂且准确的视角，它比 GDP 这个单一衡量标准更能让我们在地球上实现蓬勃发展。它让我们想起了一句古老的商业格言，"我们重视所衡量的东西，我们衡量所重视的东西"。拉沃斯的甜甜圈模型象征着一个社会，直到我们开始衡量圈中包含的方方面面的东西时，我们才可能真正开始重视它们，无论我们是处于过量还是短缺状态。

让我们看看如何利用甜甜圈模型来帮助我们在生活中创建健康的界限。除了继续遵循查尔斯·汉迪的建议，设定财务限额之外，生活中还有其他哪些范畴能促使我们蓬勃成长？我们设立的各种边界绝不是用来限制我们的可能性的，而会成为健康的框架，推动我们蓬勃发展。如同技巧 4，创建边界可以让我们获得践行丰盈所需的一致感，现在让我们看看拥有丰盈所需设定的边界。

实践练习 21：制作自己的"丰盈甜甜圈"

1.画出自己的"甜甜圈"：两个圆圈，一个套在另一个里面。这两个圆圈之间就是甜甜圈，象征着你所拥有的一切都是丰盈的。在圈里，你自身可以蓬勃成长，过上富有创造力、幸福且成功的生活。

2.在最里面的圈内，写下让你拥有丰盈、蓬勃发展的必不可少的东西。

你可以借用拉沃斯的分类（提醒一下，它们是食物、水、能源、网络、住房、收入与工作、教育、健康、性别平等、社会公平、政治话语权、和平与正义），结合自己的需求，写下你对每一类的最低要求。

很有可能其他东西对你的发展也至关重要。技巧 2 中的价值观和目标可能对你有所帮助。对我来说，把我自己的价值观囊括其中很有必要，所以我加上了它们，并用一句话描述了我对每一条价值观的最低要求。

3.在甜甜圈的外圈边缘，写下属于你自己的"生态上限"。设定与个人影响有关的意图——你对环境的影响足迹。你会选择什么样的消费方式，比如可循环利用的，出行方式、购买选择、饮食习惯，以及你可能支持的慈善机构。这是甜甜圈的一部分，你可以根据自己的收入、行为对地球及资源的影响，做出相关的限制。这个做法对你来说或许已经了然于胸，也可能是一种新的思维方式。请你对此加以反思，并思考它对于你的意义。

这很容易受到"应该"或"必须"这些判断的干扰。为了避免这一点，当我做这部分练习时，我在地板上放了三张纸，分别标着"大脑"、"心脏"和"腹部"。然后，我走到每一张纸那里，分别从头脑的角度、心脏的角度和腹部的角度，感受我希望自己对这个星球产生什么影响。这导致了截然不同的反应，帮助我认识到为了世界、为了自己，我真正想要什么。这确实让我摆脱了被自己或他人评判的感觉，所以我希望你也这么做。毕竟，为了让我们感受到极限中的自主性，这些上限内容必须是真实的。

4. 现在想想，如果你生活在甜甜圈的范围内，你的生活会是什么样子的。那将是在丰盈发展允许的范围内蒸蒸日上的生活。

在此，想象一下那样的画面是很有帮助的。设想一下当你蓬勃发展的时候，一切都很顺利：你在践行自己的价值观，你的生活有了意义。在这个甜甜圈内，你有什么样的感觉？写下对此的描述。这同样可以是一个非常有创意的过程，并且在其他章节获得的自我认知也能对你有所启发。你在描述你的丰盈的生活。在我的甜甜圈里，我感觉到"我属于这里""我与他人联系在一起，生活在社区里""我有时间细细品味我生活的世界""我在投入地工作，进入了心流状态""我有时间关注我生活的方方面面""我在与他人一起努力，做出积极的改变"。

5. 为了不超出健康的边界，满足自己的基本需求，并在地球上维持可持续的生活，现在请思考一下，根据你现有的资源，你能够改变的是什么？

当你努力在个人的丰盈范围内生活时，这份清单将成为你丰盈发展的焦点。

全球经济和全球环境之间严重失衡，但我并不是说这个任务就落到了我们个体身上。毫无疑问，为了人类能够在甜甜圈的限度内生活，并且每个人能够实现丰盈，为了我们不超过地球的边界，在全球范围内实现丰盈的发展是需要政府、企业和各行业的巨大投入和协调行动的。他们（就像我们一样）需要具有"丰盈型思维"和整体观，甚至可能需要转变意识。话虽如此，我相信我们每个人在这个空间里所做的事情也是同样重要的。每个人选择的生活方式，不仅会对地球本身有影响，还对其他人的生活乃至我们自己的生活都有着不同程度的影响。我相信，过上丰盈发展的生活对我们每个人和地球来说同样重要。当我们充分地体悟当下，能够意识到自己的能动性和影响力时，我们就可以选择有所作为的方式行事，并从中体验到深深的满足感。这是我的经验。

## 少即是多

过去经济学的一个明显悖论是，在全球北部的西方经济体中，尽管个人平均财富持续上升，但人们的幸福感却没有上升。环保主义者兼作家乔纳森·波里特（Jonathon Porritt）曾把这种现象描述为"鳄鱼图"：来自多个国家的大量例子表明不断增加的财富（顶线）与人们的满足感（水平线）之间存在差距，这使得页面上的图看起来像鳄鱼张开的大嘴。

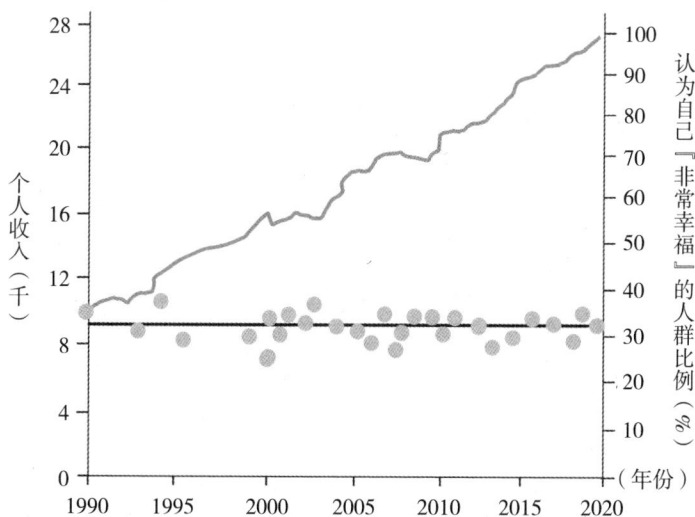

很多政治家、经济学家、心理学家和其他研究人员多年来一直费尽心思研究这个难题。我认为它描述了我们都深知的事情：一旦我们的基本需求得到满足，更多的财富并不一

定能使我们更加幸福。正如弗洛伊德（Freud）的名言所说，"金钱不能让我们快乐，因为它不能满足我们最初的愿望。"[16]数百位心理学家多年来从事的研究表明，能让我们快乐的因素有：职业，内在动机，与他人的联系，志向目标，关注自己的身体、心灵和精神。这项研究告诉我们，一旦我们拥有了足够多的财富，更有钱并不能提升幸福感。

更重要的是，即使我们真的拥有足够的财富满足了需求，当看到别人比我们更有钱时，我们的天平就会失衡，进入匮乏状态。肯尼思·格雷厄姆（Kenneth Grahame）在《柳林风声》（*The Wind in The Willows*）中对此有着精彩的描述。其中一个角色——无可救药的蟾蜍先生，最初对自己的小而窄的船很满意。然后，他看到一辆路过的马拉大篷车，于是买了一辆，感到心满意足。再然后，他又一心想要买一辆汽车。有大量数据表明，最幸福的国家是社会贫富差距最小的国家。这显然基于人的本性，神经生物学得出的相关研究也证实了这一点——我们天生就渴望公平。戴维·罗克（David Rock）在《效率脑科学》（*Your Brain at Work*）[17]中说，"公平是大脑的首要需求。公平感本身可以产生强烈的奖励反应，而不公平感可以产生持续数天的威胁反应。"我原本对自己的生活很满意，但发现你付出了同样的努力，却得到比我更多的回报时，我的幸福感就会消失。更糟糕的是，在我们这个社交媒体风靡的时代，将自己与他人进行比较尤为具有挑战性。从有关心理健康的统计数据中得知，那样做不仅不会让我们更快乐，反而会对我们中的许多人造成伤害，这一点我们将在下一章中进行探讨。

那么，这告诉我们丰盈的发展中蕴含的哪些道理呢？那就是：与他人的比较会使我们内心失去平衡，进入匮乏状态；我们因此过度补偿，攫取的东西最终超过所需，进入过度状态，这同样是一种失衡。重新平衡自己，回到丰盈状态的方法之一是真正欣赏和珍惜我们所拥有的。当我们专注于我们所拥有的而不是我们所缺少的东西时，我们的感恩之心、体悟当下的意向就能得到发展。近藤麻理惠（Marie Kondo）在她闻名全球的《怦然心动的人生整理魔法》(Spark Joy)[18] 一书中阐述了她的"人生整理"原则。近藤麻理惠建议，我们家里应该只保存有用或"让你欢欣快乐"的东西。我很喜欢她使用的"欢欣快乐"（joy）这个词。当她第一次在全球声名鹊起时，我就猜想这是她吸引众人的原因——她不仅教会我们让家变得干净整洁，还给我们的生活带来了欢乐。不只是幸福，我们的生活中还可以有被我们热爱、欣赏和珍视的事物。她是这样描述的："当某个东西让你怦然心动时，你应该有一点点欣喜激动，好像你体内的细胞正在慢慢增加。"这是一种奇妙的身体现象，它提醒我们快乐不来自大脑——因为我们不是

"认为"自己快乐，而是"感到"快乐，而这个信息的来源就在我们的体内。此外，近藤麻理惠还建议，即使当我们舍弃那些不再有用或不再给我们带来快乐的东西时，我们也要心存感谢。她写道："怀着感恩的心情，放下生活中曾经拥有的，你会对当下的物品产生感激之情，并渴望更好地爱护它们。"当我们给予自己这个新空间时，我们将开启哪些可能呢？

我的一个朋友曾写信描述近藤麻理惠整理法则使她的家发生了怎样的变化。她说：

我丢掉了每一类物品的20%到40%，也没发现少了什么，我真希望我在囤货时能更清楚地认识到这一点。我从不认为自己很物质，但我的父母经历过缺衣少食的战争年代，作为他们的孩子，我的文化教养使我很难舍弃大量的东西。但我拥有太多东西了，这让我有些无所适从。削减是一种解放，我现在更加谨慎地购买物品，这与可持续发展议题和保护地球相契合。

怦然心动整理法使我想到，拥有丰盈，在一定程度上就是拥有我们所珍视的。这不一定是物质上的，也可以是体验。如果你像我一样，曾经遭受过FOMO（害怕错过）的困扰，那么你可以读一读澳大利亚诗人迈克尔·洛伊尼希（Michael Leunig）

笔下的JOMO（错失之美）。[19]这首诗对此有精辟的概括：


　　哦，错失之美。

　　当世人开始高呼，

　　急于追逐那金光闪闪；

　　那最新的珠宝，

　　渴求被看见、拥有、佩戴，

　　你只知道你不会焦虑地叫嚣并有难填的欲壑，

　　以及不安的渴望。

　　相反，你感受到了空虚的可爱与快乐；

　　你摒弃了陈列架上的珠宝，

　　独爱平静的自己。

　　毫无遗憾、毫无疑问，

　　哦，错失之美。


　　当能够细品自己拥有的一切时，无论是对当下的感知，品一杯清茶或赏一盆春日水仙，还是珍视家中的华美物品、实用物件，我们都进入了丰盈的状态。我们再次回归到体悟当下这个主题，意识到自己的位置和可能拥有的选择。感激我们生活中所拥有的，无论是我们自身的品格、资源、工作，还是我们拥有的物质，都会让我们敞开心扉去培育那些真正重要的东西。如此，我们获得丰盈的能力随之增强。

## 蜕变的梦想

随着蜕变而来的是智慧——一种从内在吸取并从我们的经验中获得的知识。为了转变，我们需要以开放和好奇的心态，拓宽我们的视野，把过去排除在外的东西纳入其中，这或许是我们忽略甚至扔掉的东西——就像成虫细胞一样，我们甚至可能不知道它们的存在。

2020 年，大卫·爱登堡（David Attenborough）在这部令人心碎但引人深思的电影《地球上的一段生命旅程》（*A Life on Our Planet*）[20] 中向全世界提供了他的"证词"。片尾，当他被问到哪些事情可以最大限度地改变我们面临的环境危机时，他的回答是，减少浪费。爱登堡呼吁结束"索取、制造、使用、废弃"的循环，并且鼓励人们，要像在本章节所探讨过的那样，学习重视在世界资源允许的限度内生活，这样不仅可以避免气候灾难，而且能够扭转局面。这需要我们个人和集体思维的转变——如果你愿意的话，转变思维，从"索取、制造"转变为"再利用"和"再生成"。"丰盈发展"周期的最后阶段要求我们挖掘潜力，改变我们在地球上的生活方式。

要做到这一点，我们需要改变对原材料的认识。此处所说的"原材料"，不再是以前从未使用过的材料——新开采、新砍伐或新钻探的东西。相反，我们开始使用"可再生材料"：那些曾经使用过的、以前可能丢弃了的东西，现在却被视为创造新产品的基础。我们用新的眼光看待它们，并创造性地思考它们给我们带来的价值和效用。这远远超出了当前回收利用包装和废品的做法，并让我们看到，我们扔掉的一切不是垃圾，而是资源。你的生活将会有什么变化？哪些可以重塑以便再次使用或换作他用的资源常常被你忽视或丢弃？我们中的许多人将会习惯重复利用物品，如我家里放满了准备装下一批酸辣酱的空果酱罐，人们会掀起设计运动，对家具进行改造和再利用。

这种思维正在改变我们的发展经济、制造商品和收集废品的方式。它与化茧成蝶的蜕变有着奇妙的相似之处，从看起来像毛毛虫的单一线性经济（索取、制造、使用、废弃）转变为艾伦·麦克阿瑟基金会[①]（Ellen MacArthur Foundation）构建的犹如蝴蝶般的"循环经济"模式。[21]

---

① 艾伦·麦克阿瑟基金会是一家国际慈善机构，致力于开发并推广循环经济理念，以应对当今时代的严峻挑战，如气候变化、生物多样性丧失、污染等。——编者注

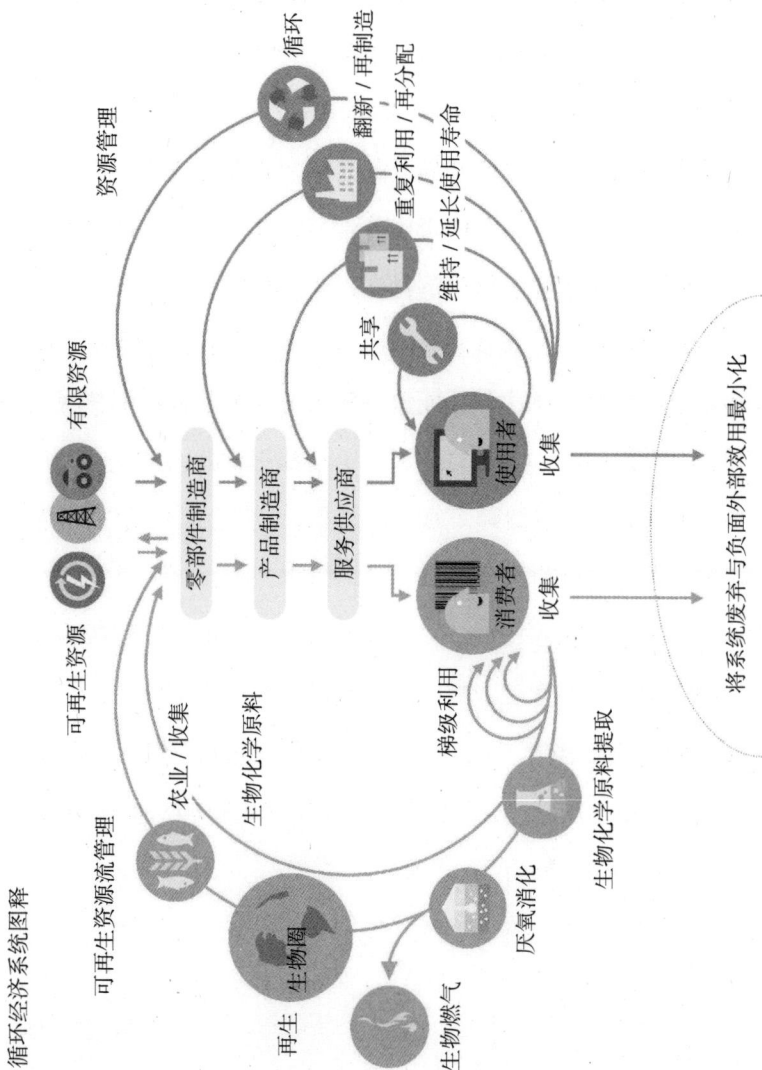

循环经济系统图释

资源管理

有限资源

循环

翻新 / 再制造

重复利用 / 延长使用寿命

维持

共享

使用者 收集

服务供应商

产品制造商

零部件制造商

可再生资源

可再生资源流量管理

农业 / 收集

生物化学原料

梯级利用

消费者 收集

生物化学原料提取

生物圈 再生

厌氧消化

生物燃气

将系统废弃与负面外部效用最小化

循环经济是全球研究和创新的主要焦点，被广泛认为是实现各国在 2020 年签署的《联合国巴黎协定》中做出的减排承诺的一种方式。我之所以觉得这种模式能给人带来希望并令人兴奋，是因为它倡导的不仅是"减少"，而且还倡导采取不同的行动。凯特·拉沃思将这称为"刻意的慷慨"——我们不仅要努力实现碳中和，而且要积极地做一些事情，以回报地球、回报他人，也因此回报我们自己。

面对巨大的系统性变化，我们的挑战是要保持个体化，以使自己参与其中，而不是认为只有他人（政府、公司、行业）才能做到。"刻意的慷慨"是一支鱼钩，吸引我们释放出更高的价值和创造力。它也是循环的：慷慨是互惠的，因此本质上是令人满意的。正如 19 世纪哲学家杰里米·边沁（Jeremy Bentham）所言：

创造你所能创造的所有幸福，消除你所能消除的所有痛苦。每天为他人的幸福助力，或者减轻他们的痛苦。你在别人心中播撒的每一颗幸福的种子，都会在自己心中得到收获。你从同伴的思想和情感中拔掉的每一份悲伤，都将在你心灵的圣所里被宁静和愉悦所取代。[22]

慷慨与感恩之间有着密切的关系——是给予和接受之间

的流动。它们相互滋养，都源于丰盈感。当我们能够回馈人类或地球时，我们在践行一种源于自然的丰盈。这就是为什么社会公正和经济再分配是与环境恢复齐头并进的。当我们效仿大自然本身的丰富和慷慨时，不仅会产生积极的影响，还会激发自身一些根本性的东西。作家查尔斯·艾森斯坦（Charles Eisenstein）这样说：

> 所有生物都渴望表现出自己旺盛的生命力。鸟儿孜孜不倦地歌唱，小猫恣意地玩耍嬉戏，树莓味道甘甜。而你——我的朋友，也渴望用美好的方式表达你的天赋和才能，不仅是维持生活。[23]

如果我们关注的不只是调节自己的生活，以及给手中要丢弃的"垃圾"寻找新的用途，那将是怎样的情形？多做一点儿会给我们带来怎样的变化？

我们每个人都可以通过很多方式来实现自己的转变。大量的在线资源和运动也为我们提供了指导，告诉我们如何为地球的繁荣努力。还有越来越多的企业成立之初就以"刻意的慷慨"为宗旨——它们受到了越来越多的人的欢迎，人们不仅购买他们的商品和服务，还要与他们合作。莎拉·罗森图勒（Sarah Rozenthuler）在《目标驱动》①（*Powered by Purpose*）一书中描述了千禧一代中 60% 的人将目标感作为他们选择雇主的关键。正如我们在技巧 2 中所知道的，一方面，目标意图与你的内在动机有关；另一方面，目标意图与他人相关——你做的贡献远大于你从中获得的利益。越来越多的人在寻求团结一致的方式，不仅是为了生活，更是为了回馈社会，为社会做出积极贡献。

依照丰盈的发展的构想建立起来的企业正在蓬勃发展。很多企业，从服装企业巴塔哥尼亚（Patagonia）到卫生纸公司 Who Give a Crap②，都在调整自己的产品或服务，并做出积极的贡献。他们不仅贡献了一部分利润，还开展了一系列有助于改善人们生活的活动，或者通过宣传和利用他们的平台教育他们的消费者。这样的做法拓展了我们作为消费者的选择空间，加深了我们对于"丰盈的发展"的理解。我们不仅可以选择减少购买产品，还可以选择购买有益于这个世界的产品。

———————

① 书名为译者自译。——译者注
② 这是一家澳洲厕纸公司名，字面意思为"谁在乎"。其中"Crap"又有"厕所排泄物"的含义。公司名有一语双关的作用，既暗示其主打产品是厕纸，又表明了公司对公共卫生和环保的关心。——译者注

## ◎ 丰盈发展的智慧

对个人而言，到达丰盈的发展循环中的蜕变阶段并恢复活力，必定需要深入洞察自己的内心，以及审视你目前的生活和工作方式。想一想你习惯性忽略或丢弃的东西，它们可能反而会成为你下一步行动的资源。这样的思考是需要时间的。对我来说，我可能会在一段时间内处于未知的状态。然而，想想我所拥有的资源，以及如何重新使用它们，让我有了很大的思考空间。如何将我一路上学到的东西传递给其他人——"把梯子往后送"？如何有效地利用资源？如何将心碎化为希望？对我来说，这些思考就是寻求丰盈的发展。我相信，当我们共同开始行动时，我们就能注意到我们所渴望的转变。就我个人而言，我的"转型梦"是当我们每个人都可以说"我是丰盈的""我践行丰盈"和"我拥有丰盈"时，我们就能够从爱、富足和慷慨的地方，将我们的精力集中在共同的繁荣成长之中，不仅为自己、为彼此，也为大自然。

**重点概述**

- 新的发展模式是有必要的，这样无论是个体还是集体，都能以可持续的方式蓬勃发展。
- 永不停止地发展只是神话，并不能让我们快乐。

- 在丰盈的发展的合理范围内，我们可以自由地关注繁荣。

- 感激我们所拥有的一切，因为它们为我们带来了快乐。

- 为了让我们所有人都能蓬勃发展，我们需要考虑转变——当我们不过度耗费地球资源，并且每个人都拥有所需时，我们将拥有怎样的可能？

- 实现丰盈的发展需要慷慨和感激。

- 实现丰盈的发展需要我们发挥创造力，以便我们能够转变、成长。

挖掘我们的智慧，发挥丰盈的发展中所蕴含的潜能。

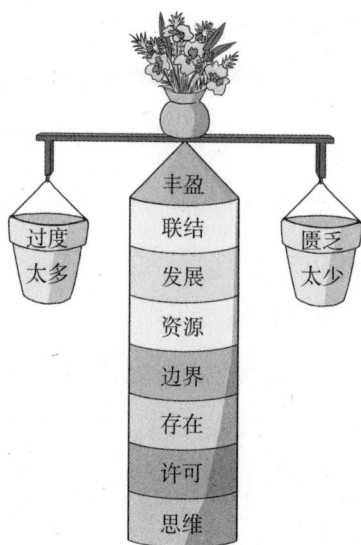

# 技巧 7：丰盈的联结
## ——用爱聚合丰盈

大自然的一点一滴，让整个世界变得更亲近、更紧密。

——威廉·莎士比亚（William Shakespeare）[1]

在技巧 7 中，我们将探讨关系和联结的重要性，以此找到一个可持续的平衡点，来发挥我们自己的长处。地球正迎接着来自当今时代的挑战——气候恶化以及随之而来的诸多问题，我们要考虑如何与我们内心最深切的渴望、与他人、与自然建立联系，以做出我们应该做的改变，这是找到平衡点和实现能动性的关键。

我们将深入探讨以下内容：

● 在匮乏文化中生活所要付出的高昂代价。

● 爱——丰盈的联结背后的力量。

● 更多的共同点：彼此之间丰盈的联结。

● 面向未来：保护我们的后代。

● 大自然：恢复我们的重要关系。

● 联结：实现丰盈的基础。

## 在匮乏文化中生活所要付出的高昂代价

当审视周围的世界时，我们很容易理解为什么许多人会陷入匮乏或过度的状态。感到孤独和被孤立的人在社会中不断增加，尤其是年轻人和老年人。在新冠疫情期间，迫不得已改变的生活和工作方式加快了我们走向独处的步伐。我们大多数人生活在城市里，与土地失去了联系，因此很容易忘记我们多么依赖土地生存！也难怪气候灾难和世界多处栖息地的生态破坏不是许多人优先考虑的问题。这一切对我们来说遥远又陌生。地球的需求与我们的生活如此割裂，就像我们彼此之间，甚至我们自己被割裂开来。在讨论如何重新获得平衡并找到丰盈的联结之前，让我们先看一看在这种匮乏文化中生活的代价。

对大多数人而言，他们在21世纪20年代主要通过数字技术来进行交流和连接。这本身并不是一件坏事，完全不是！在新冠疫情期间，数字平台和社交媒体成了一种福音，它们使人们能够保持联系，这在20年前几乎是不可能的。但是，以这种方式进行连接是有代价的。当缺乏人与人之间面对面的交流时，我们很容易忘记如何做到适可而止。当日常生活被接二连三的在线会议占满时，我们很容易陷入与他人的比较或忘记自己有在工作中与人建立关系的需求。

虽然使用社交媒体是人们寻找联结和建立关系网的绝佳方式，但它也可能是一个残酷的地方，充满了对比、判断，甚至在某些情况下还充满了匿名的仇恨。我们在心理上产生极度的不安全感，也使我们陷入一种匮乏的状态。唯一合乎逻辑的反应就是只与他人分享我们生活中美化过的精彩片段，以此来保护自己。当这种情况发生时，我们就与联结的目标相背离了。我们不能冒险做真实的自己。为了"了不起""令人难以置信""史上最棒"和"太棒了"的评价，我们呈现了一个理想化的版本——满屏的爵士手[①]与频频的微笑。如果只向世人展示自己高光的一面，我们就有可能与自己的内心声音、内在指导和内心生活相割裂。对于一些人来说，他们只能高调宣布自己被治愈，而向外界展示真实的自我和真实的感受就感到可耻。我们陷入羞耻感，也因此付出了高昂的代价。布琳·布朗对羞耻和脆弱进行了广泛的研究，她说："羞耻，是对断开联系的恐惧，是对我们所做或未做之事的恐惧，是对我们无法成为理想的人的恐惧，是对我们没能实现目标的恐惧。这些恐惧，让我们感到自己不配跟外界建立联结，不值得或不配拥有爱、归属感和联结。"[2]这是许多人都经历过的痛苦体验——联结和归属感是基于一定条件才能获得的，并受恐惧影响，让人很难相信自己已经拥有了。因此，我们时常感到孤独。

在工作场所，断开联系也要付出代价。在线平台交流和交易逐渐流行，人们不再面对面沟通。会议失去了常规会议开始前的人际互动，再也没有人在办公室里碰面了，再也没有办公室茶水间里的八卦闲聊了。相反，人们登录软件、开会、下线，在下一个在线会议前几乎没有片刻的喘息时间。

---

① 爵士手（Jazz hand）：最初是指一种舞蹈动作，表演者双手手掌和手指张开，对着观众。现在该手势表达开放、包容、安慰、开心之意。——译者注

经过一段时间之后我们才意识到，在失去人际互动的同时，我们也放弃了人类的基本需求。彼此之间没有联系，每一天的工作无休无止。人们没有时间喘息，没有时间在茶歇时一起分享、思考。正是在那些时刻，通过分享个人经历和情感，我们建立了更紧密的联系。不仅在工作中，也在共同的工作经历中。

举个例子。我曾应邀参加了一个高管团队的会议。他们在危机模式下已经运作了好几个月，每个人都异常努力地工作，又都筋疲力尽。我问了团队成员，自危机开始以来，他们多久看望对方一次。尽管他们每周开会三次，但回答是"从未"。因此，我们花了团建日的上午时间，邀请每个人谈论他们的近况。他们彼此分享了各自的恐惧、脆弱、担忧和成就，并开诚布公地谈论了个人感受、家人情况以及他们对这种工作方式的看法。随着上午活动的推进，很显然，每个人都非常渴望谈论这些事情，每个人都希望与他人建立联系——在个人层面上被看到和听到。这种影响是显而易见的，我们所有人都有深刻领悟到。联结不仅仅是一件好事——它对幸福至关重要。这需要花费一定的时间，但无论日程表上有多少安排，这都是值得花费的时间。该团队的成员在会议结束几周后告诉我，那日的分享不仅给他们带来了不同的感受，而且对他们的合作方式产生了很大的影响。他们找到了再次合作的方法，并增强了集体归属感，团队计划的推进也因此变得更顺利。

现在，让我们来看看与土地和自然循环失去联结所产生的代价。我们都听说过世界各地的城市儿童，因为生活在远离土地的地方而不知道牛奶来自奶牛、鸡蛋来自鸡，甚至不知道土豆片来自土豆。虽然我们对此摇头叹息，但我们中有多少人真正意识到南美洲的雨林（有时被称为"地球之肺"）正在遭到砍伐，就是为了种植大豆来喂养鸡和牛，以便能以更好的价钱向富裕国家大量供应肉类？随着世界上越来越多的人迁移到城市生活（2020 年，74.9％的欧洲人和 83.6％的北美人是城市居民，全世界城市居民的比例都在增加），[3]我们越来越脱离赖以生存的土地——我们共同的自然界家园。这不是一个食物从何而来的知识性问题，而是一个与自然界失去联结的风险问题。

爱德华·摩根·福斯特（E.M.Forster）在他的小说《霍华德庄园》（*Howards End*）中写道："只有联结……让人不再活在孤独斗室中。"[4]对于我们每个人来说，无论是在个人生活还是在集体中，都真切地需要在许多层面上找到联结，以便从匮乏和过度的状态调整到丰盈状态，从而实现平衡。我们没有人能够独自面对来自世界的挑战，但当我们与内心愿望、与他人以及与自然世界联系在一起时，我们就能全力以赴。

## 爱——丰盈的联结背后的力量

在探讨了失去联结的高昂代价之后，让我们来看看学习丰盈的联结技巧可以获得什么。正如我们所看到的，联结与我们的生存息息相关，而我们最重要的关系是以爱为基础的。我十分赞同布琳·布朗对联结的定义。她将其描述为"当人们感到被看见、被听见和被重视时，当人们可以毫不迟疑地给予和接受时，当人们能从这种关系中获得支持和力量时，他们之间便产生了能量。"[5]对我来说，这听起来很像爱。在《权力与爱：社会变革的理论与实践》（*Power and Love: A Theory and Practice of Social Change*）中，亚当·卡汉（Adam Kahane）引用了一个关于爱的定义，那就是："分崩离析是走向团结统一的动力"。卡汉接着说，"从这个意义上讲，爱是重新建立联结，并是已经变得或看起来支离破碎的事物变得完整的动力。"[6]

为了从目前所处的匮乏和过度文化转变为丰盈文化，我们需要进行更深层次的连接，而不仅是简单地建立联系。有时我们会意识到我们需要成为一个完整的人。联结我们的内心、联结他人以及联结地球非常重要，只有这样我们才能更有意义、充实和可持续地生活。这让我想起了美丽的金隅艺术——用黄金把破碎的陶器黏合在一起。没有试图掩盖破损，相反，黄金将碎片黏合在一起，以新的方式让破损陶瓷变得更美观。这种精心制作的重新黏接的陶器是"丰盈的联结"的绝妙体现，联结已经成为艺术的一个组成部分。当我们重新联结生活中已经支离破碎的部分时，我们是在尊重人类的一种深层次需求：保持完整、与他人保持联系、用爱将一切黏接在一起。

如果我们接受丰盈的联结的核心是爱这一理论，那么为了在丰盈的状态下真实、充实地生活，我们需要自爱。作家贝尔·胡克斯（bell hooks）在《关于爱的一切》（*All about Love*）中解释了为什么这如此重要。[7]

自爱为爱的练习提供了基础。没有它，其他爱的努力都会功亏一篑。给予自己爱，让我们的内心有可能得到无条件的爱，这是我们长久以来渴望从别人那里得到的……当我们把这份珍贵的礼物送给自己时，我们就能够从一个满足之所，而非匮乏之所，向他人伸出援手。

根据我们的研究框架，当我们用自爱和自我建立联系时，我们会回到接纳丰盈的状态，而不是像我们在本书第一部分中所探讨的匮乏之态。联结到内心深处的感觉——我们是被爱的、可爱的和丰盈的，这就意味着我们可以与他人建立联系，而不是不断地试图弥补我们缺乏的东西。对于是否把内在一致感作为外部一致感的先决条件，我持谨慎态度。不一定都是这样的顺序，也不一定有限制条件，但我们确实需要兼顾两者。根据我的经验，如果感到缺乏自我价值——不配或者不知何故感觉缺乏信心，我们就很难真正与他人建立联系。这就是为什么接纳丰盈如此重要。当我们有一种丰盈感——知道我们值得拥有归属感和爱时，我们就能够在不同的地方获得新的归属。丰盈的联结赐予我们满足感，由此我们可以向外延伸。当我们爱自己时，我们就能爱别人，反之亦然。

## 更多的共同点：彼此之间丰盈的联结

实现丰盈的联结需要转变视角，从一个更广泛的概念出发进行思考：我们可以与谁建立联结。这个视角就是：在 21 世纪面对挑战时，我们需要共同承担责任，关注我们之间的联系，而不是我们之间的区别。正如英国已故议员乔·考克斯（Jo Cox）的名言，"我们更加团结，彼此之间的共同点远多于分歧。"当我们能够看到彼此间共同的特质，并建立联系时，我们就能摆脱让我们分离的东西。20 世纪 90 年代，在北爱尔兰的一系列"真相与和解"倡议进程中，有一条规定要求在休息期间，人们相互间只能谈论他们的家庭。这是一次有益的尝试，旨在鼓励人们关注他们的共同点。据报道，这产生了深远的影响。

在21世纪的前25年，我们生活的世界面临着巨大失衡，世界上许多国家的人们经常（在某种程度上是永恒的）被迫树立两种对立的世界观：一种是关注自己的生存，保护自己不受他人伤害；另一种是关注彼此，共同努力。不同的政治立场——右派和左派，也越来越多地宣扬这两种观点。我们在社会中看到的根深蒂固的分裂和两极分化往往也是沿着这两条线而来。

丰盈的联结的美好之处就在于我们可以超越二元对立世界观，转而尝试理解每一种观点的缘由，因为我们需要将两者都囊括在内。我认为，将这两种世界观与我们每个人的两个重要部分联系起来思考是很有帮助的。罗伯特·迪茨（Robert Dilts）（NLP[①]创始人）将人描述为两个互补的方面：自我和灵魂。自我面向生存、认同和雄心，这与孤立主义的世界观相吻合；灵魂面向目标、贡献和使命，这与全球化的世界观相符。他接着建议，对于个人来说，当这两股力量并存时，个人会自然而然地展现出魅力、激情和存在感。[8]依照迪茨所建议的那样，我们需要整合内在：如果我们能够认

---

① NLP：Neuro Linguistic Programming，神经语言程式学。——译者注

识到这两种世界观的益处和人类的需求，并将它们结合起来，为我们面临的全球失衡和气候灾难找寻解决方案，那会是怎样的呢？为了世界和我们的长期共存，在找寻如何实现丰盈的过程中，我们越能寻求整合、连接和协调，一切就越顺利。

在今天的话语中，我们很有可能发现自己身处"回音室"（尤其是在网上），相同的观点被不断重复。在那里，我们只与"像我们"的人联系，这导致今天我们在世界上看到许多的分裂和派系。为了让我们实现丰盈的联结，我们需要向外看，并与我们可能不认识的，甚至意见相左的人建立联系。想要实现丰盈，想要在我们上一章中探索的那些至关重要的地球承受范围内共享地球资源，我们就需要建立联结，为更重要的东西提供服务。要做到这一点，我们需要建立更广泛的联系，并进行重要的对话——不仅是与我们意见相同的人，还包括那些跟我们有分歧的人。

### ✿ 实践练习 22：寻找差异

这个做法听起来很简单，但需要极大的勇气。

- 试着找一个你圈子之外的人，这个人与你有着不同的观点或生活经历。
- 与他交谈一些对他来说很重要的事情——也许与活出丰盈有关。你面临的挑战是在不陷入二元立场的情况下进行一次愉快的对话，你们双方最终都可以重申自己坚定的立场。

- 设法真正倾听对方的观点——即使你不赞同，也能理解他们产生这种想法的缘由。

- 反思以这种方式建立联系的感受。你付出的代价是什么？你和他的收获是什么？

我们需要培养与持不同观点的人进行对话和辩论的能力。只有这样，我们才能充分利用自己的优势来应对我们所有人面临的挑战。多年来，在机构面临高风险或意见分歧时，我一直鼓励他们进行关键性的对话。这个经历让我知道，愉快的对话发生在：

- 每个人在心理上都感到安全，这是可以通过人际层面上的相互连接来实现的。

- 在谈话过程中保持一定程度的礼貌和尊重，这通常是非言语的，与语调、肢体语言，甚至环境有关。

- 每个人都觉得自己被看见了、听到了，都能很好地倾听并提出开放性的问题。

- 每个人都就对话达成共同目标，使其维持在共同利益的基础上。

- 每个人都要避免指责对方，并克制想要赢得辩论的想法。

　　我接触过的最成功的机构领导都是专注于创造共同目标的人——一个尽管存在分歧，但人们仍然支持的愿景。对个人而言，成为比我们自身更伟大的整体的一部分，这种感觉很棒。当从关注"我"转移到关注"我们"时，我立刻发现自己具有一种不同寻常的能量——一种基于服务和联结的能量（从自我到灵魂）。这种外向的动力将我与我的目标和价值观联系起来，提升了我的能动性和完成任务的能力。事实证明，这并不难。事实上，这是我们本质的基本部分。人们已经有力地驳斥了这样一个谬论，即认为人类这个物种本质上是自私的和个人主义的。凯特·拉沃斯是这样说的："事实证明，在与我们近亲以外的人一起生活时，智人是这个星球上最合作的物种。他们表现优秀，超过了蚂蚁、鬣狗甚至裸鼹鼠。"[9] 当我们把能量和注意力集中在相互间的联系和合作上时，我们也在与我们天性中的深层次的部分建立联系。

　　当我们看到自己是整体的一部分，而不仅是其中的个体时，我们会做出不同的决策。我们不仅与他人连接，还是积极解决问题的一部分力量。正如人类学家玛格丽特·米德（Margaret Mead）所说的，"永远不要怀疑一小群有思想、有决心的公民，他们能够改变世界；事实上，改变世界的都是这样一小群人。"这是一个振奋人心的想法，因为它告诉我们，尽管我们面临的挑战在规模和程度上可能是巨大的，但事实上，我们在社区和他人一起做出的微小努力，也能够产生实实在在的影响。全世界人民参与的小规模、基层的、协作的社区行动的确产生了影响。在《本地是我们的未来：通往快乐经济学的台阶》[①]（*Local is Our Future: Steps to an Economics of Happiness*）[10] 一书中，作家兼电影制片人海伦娜·诺伯格 - 霍吉（Helena Norberg-Hodge）提出，我们应该寻求小的地方性倡议，以应对大的系统性挑战。它不仅更具有持续性，而且有益于我们的幸福。她说："人们开始认识到，联结，无论是与他人还是与自然本身，都是人类幸福的源泉。每天不断产生的鼓舞人心的积极行动，为实现真正的繁荣提供了力量。"

## 面向未来：保护我们的后代

对于人类来说，实现丰盈的联结，我们就能够以可持续的方式在地球上生活，所有的一切就能够长久地蓬勃发展。同时，这也可以帮助我们重新评估我们与未来的关系。罗曼·克兹纳里奇（Roman Krznaric）在《成为好祖先：如何在短期世界中长远考虑》[②]（*The Good Ancestor: How to Think Long*

---

① 书名为译者自译。——译者注
② 书名为译者自译。——译者注

*Term in a Short-Term World*）[11] 一书中提出，我们需要开始更多地与未来，特别是与我们的（集体的）后代联系起来。他提供了很有用的"六种长远考虑的方法"。

- 保持谦卑：明白我们在宇宙长河中只是眨眼一瞬。
- 遗产思维：被后人铭记。
- 代际正义：考虑未来七代人。
- 大教堂式思维：规划超越人类寿命的项目。
- 整体预测：设想文明的多条发展路径。
- 超凡的目标：追求地球一体思维。

这种构想将改变我们的生活方式，其真正独特之处在于，为了确保我们的孩子、孩子的孩子不会物质匮乏，我们现在就需要停止过度攫取。找到丰盈之法将意味着后代也能实现丰盈。这就好像我们把天平朝一个新的方向旋转，以适应新的时间维度。当我们开始像"好的祖先"一样思考时，我们必须立即超越自己的生命维度限制，为未来后代考虑这是超越自我的终极做法。我们再一次应邀超越自己和自己的需求，并拥有一种慷慨的、服务的心态。在这种心态下，推动我们生活的，不仅是自身的需求，更是为更大的整体做出贡献。通过这种方式，找到与后代的丰盈的联结可以激励我们在自己的生活中实现丰盈。

从时间的角度来看，让我尤为震惊的是，我们已经失去了服务于人民、服务于环境的职责意识，我们已经失去了祖祖辈辈拥有的为子孙后代付出的意识。自第二次世界大战以来，我们的关注点开始变得越来越短期，越来越不在意为后代创造持久的遗产。长远考虑是世界各地土著部落坚定秉持的哲学。北美的易洛魁人在 12 世纪建立了他们的邦联，其原则是将七代人考虑在内。如同他们的七代祖辈那样，他们做出的所有决定都必须考虑到对未来七代人（约 140 年）和对土地的影响。阿帕切人有句话说得好："我们不是从祖先那里继承来的土地，我们是从孩子那里借来的。"[12]

用这种方式思考需要丰富的想象力，而且这可能是一种有效的做法。当我回顾我叔叔多年来精心整理的家谱时，我可以想象我祖先的生活。通过历史背景和幸存的证据（老照片、日记、信件），我可以想象在我之前的生活画面。通过想象他们点点滴滴的快乐、艰辛和生活经历，我能够与他们建立联系，并向他们致敬。把我的思想投向未来是一种飞跃，因为有非常多的变数，至少对我来说，这有点像科幻活动。尽管如此，我常常想到我们三代人的生活情形——想象我的女儿、侄女、侄子以及他们的孩子。这让我停下脚步并意识到我要承担自己所做出决定的责任，无论大小。我有一种传递接力棒的感觉。接受祖辈给我的东西，并为后代做出贡献。我喜欢这种对称感，它给我一种深切的轻松感和意义感。

🌿 **实践练习 23：写给后代的信**

- 给 50 年后或 100 年后的一个后代写信，解释为了实现丰盈你在 21 世纪初所做的一切。

- 回想一下你的信带给你的变化，这对你现在的生活和你每天的决定有什么影响？

- 为确保你的后代有丰盈的生活，你能改变你的哪些生活方式？

多年来，许多环保主义者一直主张，我们需要重新树立管理意识，以指导我们的决策，并保护子孙后代的遗产。正如克兹纳里奇所言，我们并不总是采取短期视角思考。在历史上，人们曾多次拥有他所说的"大教堂式思维"：人们开启了一个他们一生都无法完成的项目。那对你意味着什么？对我们呢？通过这样的方式展望后代，再一次提醒我们，爱是丰盈的联结的根源。当我们想到后人（我们所有人的子子孙孙）将承担我们今天的决定所带来的后果时，我们可能会更容易用爱与他们和他们的生活建立联系，因为我们希望他们幸福、快乐。这让我们的决策有了不同的关注点。

心理学家维克多·弗兰克尔（Victor Frankl）在《活出生命的意义》（*Man's Search for Meaning*）[13] 一书中提出了一个见解。对我来说，这深刻地说明了为什么需要长远考虑和实现丰盈的联结。他认为，如果我们不负责任，那么我们就不能自由，两者本质上是联系在一起的。他说：

自由只是故事的一部分，也是真理的一半……事实上，除非自由是以负责任的方式存在，否则它就有可能退化为纯粹的任意性。那就是为什么我建议为东海岸（美国）的自由女神像补充一个纪念碑——在西海岸设立一座责任雕像。

那将是怎样的象征啊！在"自由之地"的责任雕像提醒我们，我们彼此相连，与土地相连，与我们的祖先和后代相连。只要我们在，我们不仅要对彼此负责，而且要共同照顾地球。

每一位历史学家都会说，回顾过去的好处是吸取当下的教训，从而帮助我们建设一个更美好的未来。我们似乎正处于21世纪初的一个关键时刻——出于对眼前短期利益的关注，全世界无数代人来之不易的经验教训有可能被遗忘。为了我们的生活以及我们后代都能实现丰盈，我们每个人都应该与共同的责任感、职责和遗产重新建立联系。这种观念会对我们的生活方式、工作方式、领导方式产生什么影响呢？

## 大自然：恢复我们的重要关系

2005 年，在伯克利自然资源学院（Berkeley College of Natural Resources）的毕业典礼上，易洛魁－奥农达加族（Iroquois Onondaga Nation）的酋长奥伦·里昂（Oren Lyons）这样说道："你所说的资源，我们称为亲人。如果你能从关系的角度来思考，你会更好地对待它们，不是吗？恢复与它们的关系，因为这是你生存的基础。"[14] 这种想法，几个世纪前早已存在，如今在西方需要范式转移，打破原有观念——从认为地球由无生命的资源组成，任由我们"使用""拥有"或"利用"，转变到认识到地球与我们有着千丝万缕的联系。通过这种方法，我们又一次将自己带回到"我们"，而非"我"的视角。把世界看成是交易性的，这样的认识从根本上来说会造成分裂。我们要摆脱这样的认识，并相信这是一个万事万物相互关联的世界。

几乎所有的人（包括我自己）都会惊叹海上日落的美丽，赞叹林中斑驳的阳光，或是对椋鸟群飞时的壮观景象肃然而立。同时，具有讽刺意味的是，我们每天也在不经意间做、吃或用对地球有害的东西。我们的生活方式与地球的福祉是脱节的，以至于有时很难明白如何与自然世界重新联结并与之合作。这当然需要集体目标和行动。这再一次需要爱。查尔斯·艾森斯坦（Charles Eisenstein）这样说过：

地球是活的。我们爱活着的东西。我们希望为所爱尽责。当我们的所爱生病时，我们想减轻它的痛苦，帮助它治愈。我们对它了解得越深，我们就越能疗愈它。[15]

我们需要重新爱上大自然。为了真正地与之建立联系，我们需要认识到我们与它的关系，优先考虑它的繁荣。正如自爱关乎实现丰盈的联结，热爱自然也是与地球建立丰盈的联结的关键。我们中的许多人在生活中渴望的统一和疗愈，映射在我们的地球现在急需的统一与疗愈之中。

这无疑背离了推动西方农业和工业革命的机械论科学，因此，听起来可能有些异想天开、违背科学。然而，事实上，这与更新的科学的世界认知是一致的：量子物理学的发现告诉我们，世界是由具有生命力的原子构成的。这让人想起我们在前言中提到的盖亚概念：世界是紧密相连的——世界某一地区发生的事情会对地球另一端产生影响。

从宏观角度来看，在过去的 400 年里，西方世界一直被理性、科学和物质的思维所主导。当然，这带来了巨大的发展，并在许多方面丰富了人类生活，但这是以排斥自然世界和破坏我们与自然世界的关系为代价的。这种思维造成人与自然的分离，促使人们认为地球为我们所有和所用。它还导致头脑（我们的理性）、心脏（我们的关系）和腹部（我们的本能）的分离。理性主宰了一切：与思想和智力相比，情感和关系不被重视，也不重要。本能几乎被忽视，被认为是一种无关紧要的人的特征。正如我们之前所讨论的，这种看法对世界和我们自身都是有害的。现在需要转变的就是重新恢复我们与自己、与自然之间的联系。正如艾森斯坦所说，"是时候认识到我们是与地球有紧密关系，并相互依存的自我。"当我们重新找到平衡，实现丰盈的时候，我们就能重新平衡我们与我们共同的家园之间的关系，就能重新把自然世界融入我们的生活中，成为其有活力的部分。

我们如何做到这一点？为了真正理解和参与这些重大问题，我们需要心系那些真实、有形的东西，脚踏实地，与地球母亲紧密相连。否则，我们会迷失在抽象或空洞的口号中。我们面临着崩溃、处于过度状态、失去与人性的联结，找到与自然之间的联结十分重要，当然，也是非常个人化的。始于个体的连接会在我们与家人、组织和社区的生活和工作方式中产生连锁反应。以下是一些简单的活动，可以重新恢复我们与自然之间丰盈的联结。这些活动设计简单，植根于珍惜当下的理念。

### ❁ 实践练习 24：与自然建立联结

- 种下一粒种子，培育它，使之生长。这个过程会激起人们的关心、同情和自豪感。
- 在阳光明媚的日子躺在地上。
- 赤脚站在室外，感受脚下的大地和头顶的天空。
- 在水边坐一坐或水里游一游——无论是江河、池塘还是大海。
- 寻找一个能激活你与自然联系的地方并定期前往。

就我个人而言，每天花点儿时间接触大自然不仅滋养了我，还让我内心充满了感情。我很幸运住在牛津的泰晤士河畔，每天早上我都会沿着河畔跑步。冬天，我有时在星空下奔跑，在夜空的衬托下，树木的轮廓清晰可见。春天，天色变得明亮，新芽萌发、柳絮飞舞、风信子开花，这一切都让我欣喜不已。夏天，当我跑步时，天色早亮，更能感受到炎热天气中的清凉。秋天，我最爱的马栗树结出了美丽的栗子。我仍然有着孩童般的兴奋，拾起一两个栗子放入口袋，惊叹它们复杂又光滑的花纹。如果幸运的话，我还会看到飞过的翠鸟，令我惊叹——这是一种恩赐，大自然用翠鸟闪耀的蓝色提醒着我它的丰富多样，充满了奇迹和宝藏。我的生活经验是，通过每天半小时与自然的连接，我更能与自己、与他人建立联系，并为世界做出积极贡献。这既接地气又鼓舞人心。我相信，无论如何我们都要找到时间与大自然建立联系，这样做能够使我们在当下感到更充实，并感到被长久地滋养着。

从根本上说，为了找到丰盈之法，我们需要重视与自然的联结。这是一种关系，跟其他任何关系或联结一样，当处于平衡状态时——付出和收获一样多时，它就会蓬勃发展。幸运的是，我们绝非从零开始。长久以来，在世界各地，一些人的工作和生活都与地球有关，他们已经为我们铺平道路，使我们可以做出长期的、可持续的变化。列举两个给我们希望的例子。

- 撒哈拉沙漠的绿色长城是非洲联盟运营的一个项目，它计划到 2030 年种植超过 8000 千米（相当于整个非洲的宽度）的树木。一旦建成，它将成为地球上最大的生物结构。绿色城墙有望有效地解决非洲大陆以及整个国际社会面临的许多紧迫威胁，特别是气候变化、干旱、饥荒、冲突和迁移问题。

- 树姐妹会（Tree Sister）是一个组织，该组织鼓励遭受滥伐森林影响的社区的妇女种植树木。他们为妇女提供教育、培训和树木，以在当地重新造林，特别是那些需要再造林的热带地区。他们的愿景是希望创造一个全球范围内，每个人都将环境保护作为常态的世界。

非常奇妙的是，我们可以从大自然中获得灵感，了解如何采取行动来避免或逆转环境崩溃的趋势，并恢复被破坏的生态系统。雅尼娜·拜纽什（Janine Benyus）是一位仿生设计师。仿生学是科学和设计领域内的一门新学科，它从自然界的生态系统和模式中获得灵感。拜纽什这样说：

在自然界中，成功的定义是生命的延续……生命已经学会了创造有利于其生存的环境。这确实是其中的奥秘所在。这也是我们现在的设计任务，我们必须学会做到这一点。[16]

受到这一概念的启发，如果我们共同生活和工作的目标是"创造有利于生存的环境"，那么这对我们的个人和集体生活意味着什么呢？这意味着我们确定了共同努力的方向。海伦娜·诺伯格·霍吉描述了这是如何发生的：

在世界各地，我们正在见证一场真正积极的文化演变。我们正在重新学习古代土著文化所包含的知识：内在和外在、人类和非人类，是紧密相连、密不可分的。我们开始看到自己内心的世界——更有意识地体验生命的巨大相互依存网络，而我们是其中的一部分。[17]

对我来说，这就是丰盈的联结的定义。

## 联结：实现丰盈的基础

丰盈的联结提供了一种以解决问题为导向的取向，沿着这个取向，以丰盈的状态出发，所有人都能蓬勃发展，并与他人一起造福后代。在接下来的几十年里，为了避免灾难性气候事件和生态破坏，人类将不得不改变。如果我们能从丰盈的联结开始，与我们内心最深切的渴望、与他人、与自然本身建立联系，那将是一次非常有意义的旅程。我们将不再为了实现丰盈而付出代价，不再为了实现丰盈而做不该做的事情。我们将把焦点转向丰盈给予我们的东西。爱是黏合剂，将我们紧密联系起来，让我们从一个接纳、践行和拥有丰盈的地方开始，过上丰足的生活，为后代播下丰盈的种子。

### 重点概述

- 我们的匮乏文化导致了割裂和孤独。
- 联结是贯穿所有人际关系的生命之源。
- 与自己建立联结是一种自爱的行为，它使我们能够与他人建立联系。
- 我们需要走出"回音室"，与有共同目标的人建立联系。

● 当我们发现大家的共同点多于分歧点时，我们更有可能实现联结。

● 与我们的祖先和后代建立联结，这会让我们记得我们是地球及其资源的管理者，我们应该把我们所经历的丰足代代相传。

● 与自然的联系对我们个人来说是一种资源，对我们集体来说也是一种必需品，这样我们就可以为我们所有人创造一个可持续的未来。

爱——爱自己、爱他人、爱世界，发挥丰盈的联结中蕴含的潜能。

# 后记
## 丰盈的蜕变

到山崖边来，他说。

我们害怕，他们回应。

到山崖边来，他说。

于是他们来了。

他推了他们一把，

他们飞了起来。

——纪尧姆·阿波利奈尔（Guillaume Apolinaire）

七种技巧的探究之旅使我们了解了如何从内到外活出丰盈。我们讨论了如何平衡我们的内心世界、我们的外在生活以及我们所共享的更广阔的世界。我希望你能在本书中找到你所需要的内容，帮助你获得你想要实现的丰盈，让你在自己的世界里蓬勃发展。

我们每个人会对不同的技巧感兴趣，有时，我们会在人生中的不同时刻重温它们。它们不分先后，更像是一段楼梯，我们沿着它上上下下，在不同的台阶驻足。"丰盈之法"绝非一成不变，需要持续努力和关注，所以在不同的时间我们需要关注不同的技巧。无论哪种技巧能唤起你的共鸣，我的愿景都是，丰盈之法成为一个跳板，使我们在 21 世纪初可以按照我们迫切需要的方式蓬勃发展。

有时我们知道自己的方向，有时我们又不得不静观其变。回到贯穿全书的毛毛虫和蝴蝶的映像，当我们每个人在学习接纳、践行和实现丰盈时，不知我们是否看到了自己的转变？当我们联系在一起时，这些个人转变将带来世界的转变。

让我们提醒自己，每一项技巧的实质都是"成虫细胞"，它们使我们蜕变：

在"丰盈型思维"中蕴藏着富足。

在"丰盈的许可"中，我们找到了自由。

在"丰盈的存在力"中蕴藏着心流。

在"丰盈的边界"中，我们获得了清晰的认知。

在"丰盈的资源"中蕴含着能量。

在"丰盈的发展"中，我们找到了智慧。

在"丰盈的联结"中，我们找到了爱。

在全书中，我们使用了"丰盈法"模型——一个天平，"丰盈"在"匮乏"和"过度"之间得到平衡。当读到书的结尾时，我看到了一个画面，模型自己变成了蝴蝶。模型的中轴像毛毛虫一样变成了蛹，并且利用每一个技巧中的"成虫细胞"破茧成蝶。当蝴蝶的翅膀慢慢展开时，我们看到"过度"被"爱"所取代，"匮乏"被"富足"所取代。在两翼之间是"丰盈"的身体，在那里我们是自由的，我们处于心流状态，具有清晰的认知、能量和智慧。

我的梦想是，在从内到外寻找"丰盈之法"的过程中，我们能够改变自己的生活、工作和世界，把它们变为可以预见的、美好的、可持续的世界。当我们学会接纳丰盈、践行丰盈、拥有丰盈时，我们就能蓬勃生长，发挥我们的潜力，成为我们共有的地球的守护者，并与之一起实现繁荣。

## 设想丰盈

献给你最后一个形象化的描述，以帮助你设想自己的转变，这种转变源于"丰盈之法"。

想象自己怀着丰盈走向悬崖边。在你面前，陡崖之外是广阔无边的风景——一个生机勃勃、美好动人的场景。这个场景在邀约你，要你成为其中之一，要你献出自己，为这个可再生的、可持续的世界做出贡献。你站在那儿深深呼吸。随着每一次呼吸，你感觉自己处于生命的丰盈状态；你呼吸着自由的空气；你精力集中、内心平衡，处于心流状态；你有明确的目标做指引，有资源做支撑；你利用智慧，感受到联结之爱。然后，你再深吸一口气，闭上双眼，相信自己将找到一席之地，与其他人一起蓬勃发展。你向前一步，张开双翅在风中飞翔。

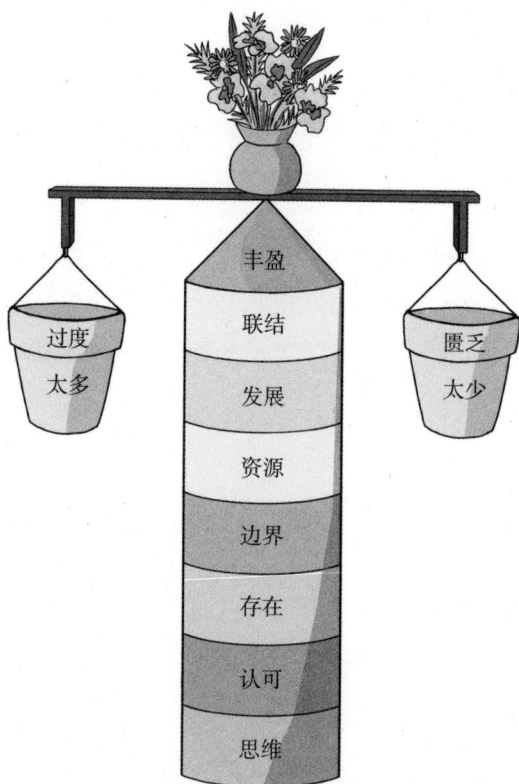

爱　　　　丰足

智慧
能量
明晰
心流
自由

# 参考文献

## 前言 我们为什么需要丰盈之法

1 'Greta Thunberg "Our House is on Fire" 2019 World Economic Forum (WEF) in Davos', 2019.

2 IPCC (2018), *Special Report: Global Warming of 1.5°C.*

3 Unicef, 'Every child's breath is under threat'.

4 Lovelock, J. (1981). *Gaia: A New Look at Life on Earth.* Oxford University Press.

## 技巧 1：丰盈型思维——从丰盈充足的角度认识自己

1 James, W., & Drummond, R. (1890). *The Principles of Psychology.* The exact source of this quote is unknown-it is commonly ascribed to William James, and the sentiment is reflected in the book referenced here.

2 Dweck, C. S. (2006). *Mindset: Changing the Way You Think to Fulfil Your Potential.* Random House.

3 Proust, M. (1913—1927). *In Search of Lost Time.* New edition, Penguin Books Ltd., 2002.

4 Hibberd, J. (2019). *The Imposter Cure: How to Stop Feeling Like a Fraud and Escape the Mind-Trap of Imposter Syndrome.* Aster, Octopus Publishing Group.

5 In 2010, the UK Post Office commissioned YouGov to research anxieties suffered by mobile phone users. See Elmore, T., 'Nomophobia: A rising trend in students', 18 September 2014.

6   Brach, T. (2000). *Radical Self-Acceptance*. Sounds True.

7   Lama, D. and Tutu, A. D. (2017). *The Book of Joy*. Ulverscroft.

8   Winnicott, D. W. (1980). *Playing and Reality*. Penguin Books.

9   Kline, N. (1998). *Time to Think: Listening to Ignite the Human Mind*. Cassell Illustrated.

10   Seligman, M. (2011). *Learned Optimism* (2nd ed.). William Heinemann.

## 技巧 2：对丰盈的许可——找到归属的自由

1   Obama, M. (2018). *Becoming*. Viking.

2   Obama, M. (2015). Tuskegee University commencement address, 9 May 2015.

3   Santos L. Yale University Science of Happiness online course.

4   Saint Augustine Quotes. (n.d.).

5   Hendricks, G. (2010). *The Big Leap: Conquer Your Hidden Fear and Take Life to the Next Level*. HarperOne.

6   Whittington, J. (2020). *Systemic Coaching and Constellations: The Principles, Practices and Application for Individuals, Teams and Groups* (3rd ed.). Kogan Page.

7   Hellinger, B. (1998). *Love's Hidden Symmetry: What Makes Love Work in Relationships*. Zieg, Tucker & Co.

8   See 'Who are the workshop facilitators?'

9   Chesterton, G. K. *Illustrated London News*, 14 January 1911.

10   Scharmer, C. O. (2008). *Theory U: Leading from the Future as it Emerges* (1st ed.). Meine Verlag.

11   Craig, N. (2018). *Leading from Purpose: Clarity and Confidence to Act When It Matters*. Nicholas Brealey Publishing.

12   Oliver, M. (2013). *New and Selected Poems, Volume One*. Beacon Press.

13   Pink, D. H. (2018). *Drive: The Surprising Truth About What Motivates Us*. Canongate Books.

14    Doyle, G. (2020). *Untamed: Stop Pleasing, Start Living*. Vermilion.

## 技巧 3: 丰盈的存在——掌控自己，找到心流

1    Cuddy, A. (2016). *Presence: Bringing Your Boldest Self to Your Biggest Challenges*. Orion.

2    Csikszentmihalyi, M. (2008). *Flow: The Psychology of Optimal Experience*. Harper Perennial.

3    Levine, P. A. (2010). *In an Unspoken Voice: How the Body Releases Trauma and Restores Goodness*. North Atlantic Books.

4    Childre, D. and Rozman, D. (2005). *Transforming Stress: The HeartMath Solution for Relieving Worry, Fatigue and Tension*. New Harbinger Publications.

5    Goleman, D. (1996). *Emotional Intelligence: Why It Can Matter More Than IQ*. Bloomsbury Publishing PLC.

6    Rock, D. (2009). *Your Brain at Work: Strategies for Overcoming Distraction, Regaining Focus, and Working Smarter All Day Long*. HarperCollins.

7    Rodenburg, P. (2008). *The Second Circle: Using Positive Energy for Success in Every Situation*. W. W. Norton & Company.

8    Watts, A. (1951). *The Wisdom of Insecurity*. Vintage Books.

9    Tolle, E. (2005). *The Power of Now: A Guide to Spiritual Enlightenment*. Hodder Paperback.

10    Hebb, D. (1949). *The Organization of Behavior: A Neuropsychological Theory*. Wiley.

11    Woollett, K. and Maguire, E. A. (2011). Acquiring 'the Knowledge' of London's layout drives structural brain changes. *Current Biology*.

12    Seligman, M. (2011). *Learned Optimism* (2nd ed.). North Sydney: William Heinemann.

13    Nerburn, K. (1998). *Small Graces: The Quiet Gifts of Everyday Life*.

New World Library.

## 技巧 4：丰盈的边界——清晰一致的边界

1   Davies, W. H. 'Leisure', published in Davies, W. H. (2011). *Songs of Joy and Others*. A. C. Fifield.

2   Senge, P. M. (1999). *The Fifth Discipline: The Art & Practice of the Learning Organization*. Image Books.

3   Wheatley, M. J. (2006). *Leadership and the New Science*. Berrett-Koehler.

4   Bailey, P. C. (2017). *The Productivity Project: Accomplishing More by Managing Your Time, Attention, and Energy*. Crown Business.

5   Newport, C. (2016). *Deep Work: Rules for Focused Success in a Distracted World*. Piatkus Books.

6   Webb, C. (2017). *How to Have a Good Day: The Essential Toolkit for a Productive Day at Work and Beyond*. Pan Books.

7   Elizabeth Gilbert talks about this on her Instagram feed.

8   Kline, N. (1998). *Time to Think: Listening to Ignite the Human Mind*. Cassell Illustrated.

9   See Stone, L. 'Beyond simple multi-tasking: Continuous partial attention'.

10  Collins, J. (2006). *Good to Great*. Random House Business Books.

11  Brown, B. (2018). *Dare to Lead: Brave Work. Tough Conversations. Whole Hearts*. Random House.

12  Quoted in Webb, C. (2017). *How to Have a Good Day: The Essential Toolkit for a Productive Day at Work and Beyond*. Pan Books.

## 技巧 5：丰盈的资源——利用你的力量

1   Behn, A. (1984). *The Lucky Chance*. Methuen Publishing.

2   Songwriters: Gerald Marks / Seymour Simons, All of Me lyrics © Sony/ATV Music Publishing LLC, Round Hill Music Big Loud Songs, Songtrust Ave,

Warner Chappell Music, Inc, Kobalt Music Publishing Ltd., Marlong Music Corp.

3   Whyte, D. (2002). *Crossing the Unknown Sea: Work and the Shaping of Identity*. Penguin Books.

4   Hellinger, B. (1998). *Love's Hidden Symmetry: What Makes Love Work in Relationships*. Zieg, Tucker & Co.

5   Mate, G. (2013). *In the Realm of Hungry Ghosts: Close Encounters with Addiction*. Random House.

6   Sandberg, S. and Grant, A. (2017). *Option B: Facing Adversity, Building Resilience, and Finding Joy*. W H Allen.

7   Kolb, D. (1984). *Experiential Learning: Experience as the Source of Learning and Development*. Prentice-Hall.

8   Tedeschi, R. and Calhoun, L. (2003). *Helping Bereaved Parents: A Clinician's Guide*. Routledge.

9   Wageman, R., Nunes, D. A., Burruss, J. A. and Hackman, J. R. (2008). *Senior Leadership Teams: What It Takes to Make Them Great*. Harvard Business Review Press.

10  Kouzes, J. M. and Posner, B. Z. (2017). *The Leadership Challenge: How to Make Extraordinary Things Happen in Organizations* (6th ed.). John Wiley & Sons.

11  Lencioni, P. M. (2002). *The Five Dysfunctions of a Team: A Leadership Fable* (1st ed.). Jossey-Bass.

12  Lamott, A. (1994). *Bird by Bird: Some Instructions on Writing and Life*. Pantheon Books.

13  Brailsford is quoted in Syed, M. (2015). *Black Box Thinking: Why Most People Never Learn from Their Mistakes—But Some Do*. John Murray.

14  Clear, J. (2018). *Atomic Habits: An Easy and Proven Way to Build Good Habits and Break Bad Ones*. Random House Business Books.

## 技巧 6：丰盈的发展——可持续发展的智慧

1  Smart, U., from 'Poor Man's Lamentation', public domain. The Full English online archive. Found and set to music by Hannah James in 'Songs of Separation'.

2  Carle, E. (1969). *The Very Hungry Caterpillar.* The World Publishing Company.

3  Handy, C. (2016). *The Second Curve: Thoughts on Reinventing Society.* Random House Business Books.

4  Fitzgerald, F. S. (1925). *The Great Gatsby.* Penguin Classics.

5  Mate, G. (2013). *In the Realm of Hungry Ghosts: Close Encounters with Addiction.* Random House.

6  Schumacher, E. F. (1973). *Small is Beautiful: A Study of Economics as if People Mattered.* Frederick Muller.

7  Raworth, K. (2018). *Doughnut Economics: Seven Ways to Think Like a 21st-century Economist.* Random House Business Books.

8  Meadows, D. H., Randers, J. and Meadows, D. L. (2004). *The Limits to Growth: The 30-year Update.* Earthscan.

9  See 'Dana (Donella) Meadows lecture: Sustainable systems', 8 May 2013.

10  Leonard, A. (2010). *The Story of Stuff: How Our Obsession with Stuff Is Trashing the Planet, Our Communities, and Our Health - and a Vision for Change.*

11  Jackson, T. (2010). *An Economic Reality Check.* TED Talk.

12  Gandhi quote cited in *Small is Beautiful* by E. F. Schumacher.

13  Robert Kennedy, speech transcript, University of Kansas, 18 March 1968.

14  Raworth, K. (2018). *Doughnut Economics: Seven Ways to Think like a 21st-century Economist.* Random House Business Books.

15  Grahame, K. (1908). *The Wind in the Willows.* Vintage Children's

Classics.

16 Rock, D. (2009). *Your Brain at Work: Strategies for Overcoming Distraction, Regaining Focus, and Working Smarter All Day Long.* HarperCollins.

17 Kondo, M. (2017). *Spark Joy: An Illustrated Guide to the Japanese Art of Tidying.* Vermilion.

18 Leunig, M. 'Joy of Missing Out'.

19 *David Attenborough: A Life on Our Planet.*

20 Ellen MacArthur Foundation, *Towards the Circular Economy.*

21 Bentham, J. (1789). *An Introduction to the Principles of Morals and Legislation*, 1996 edition, edited by J. H. Burns and H. L. A. Hart. Clarendon Press.

22 Eisenstein, C. (2018). *Climate: A New Story.* North Atlantic Books.

23 Rozenthuler, S. (2020). *Powered by Purpose.* Pearson Education.

## 技巧 7：丰盈的联结——用爱聚合丰盈

1 Shakespeare, W., *Troilus and Cressida*, Act III, Scene III.

2 Brown, B. (2012). *Daring Greatly: How the Courage to be Vulnerable Transforms the Way We Live, Love, Parent and Lead.* Hay House UK.

3 World Economic Forum, 'How has the world's urban population changed from 1950 to today?'.

4 Forster, E.M. (1910). *Howards End.* Penguin Classics.

5 Brown, B. (2015). *Rising Strong.* Vermilion.

6 Kahane, A. (2010). *Power and Love: A Theory and Practice of Social Change* (1st ed.). Berrett-Koehler.

7 hooks, b. (2001). *All About Love: New Visions.* William Morrow & Company.

8 Dilts, R., Hallbom, T. and Smith, S. (2012). *Beliefs: Pathways to Health and Well-Being* (2nd ed.). Crown House Publishing.

9   Raworth, K. (2018). *Doughnut Economics: Seven Ways to Think Like a 21st-century Economist*. Random House Business Books.

10  Norberg-Hodge, H. (2019). *Local is our Future: Steps to an Economics of Happiness*. Local Futures.

11  Krznaric, R. (2020). *The Good Ancestor: How to Think Long Term in a Short-Term World*. Penguin, Random House.

12  Quoted in *The Good Ancestor* (cited above).

13  Frankl, V. E. (1959). *Man's Search for Meaning*. Ebury Publishing.

14  See 'Fall 2005 commencement address by Chief Oren Lyons', 22 May 2005.

15  Eisenstein, C. (2011). *Sacred Economics: Money, Gift, and Society in the Age of Transition*. North Atlantic Books.

16  Benyus, J. 'Biomimicry', 11 September 2015.

17  Norberg-Hodge, H. (2019). *Local is our Future: Steps to an Economics of Happiness*. Local Futures.

# 推荐阅读

## - 勇敢系列 -

爱的勇气
阿德勒的幸福哲学

活在当下的勇气

## - 敏感系列 -

高敏感人士的
幸福清单

雨天晴天皆敏感

拥抱与众不同的你
高敏感者的超能力

可是我还是会在意
摆脱自我意识过剩的8种方法

## – 应对系列 –

应对焦虑
摆脱焦虑的十种即时策略

应对情绪失控
情绪急救的十二种即时策略

应对压力
缓解压力的十种即时策略

再见，自卑
克服自我怀疑的十个即时策略

## – 好习惯系列 –

好习惯修炼手册

好习惯修炼法则